W0264302

Inhaltsverzeichnis

3740 50

Additional material to this book can be downloaded from http://extras.springer.com

ISBN 978-3-211-86099-1 ISBN 978-3-7091-5783-1 (eBook)
DOI 10.1007/978-3-7091-5783-1

Ein Beitrag zur Erdbebengeographie Österreichs

nebst Erdbebenkatalog 1904—1948 und Chronik der Starkbeben

von

M. Toperczer und E. Trapp

KAPITEL 1

Der österreichische Erdbebendienst

Am 25. April 1895, in der Sitzung der mathematisch-naturwissenschaftlichen Klasse der kaiserlichen Akademie der Wissenschaften in Wien, konstituierte sich eine Kommission „zum Zwecke der Förderung eines intensiveren Studiums der seismischen Erscheinungen in den österreichischen Ländern". Den äußeren Anlaß zu diesem Schritt gab das katastrophale Erdbeben zu Laibach in der Osternacht des Jahres 1895. Die neugegründete Erdbebenkommission stellte sich zwei Aufgaben: 1. „eine Zusammenstellung aller historisch beglaubigter Erdbeben im Bereich des österreichischen Staatsgebietes", insbesondere die Schaffung eines Erdbebenkatalogs der Ostalpen, 2. die Errichtung eines österreichischen Erdbebendienstes mit mehreren Seismographenstationen und einem dichten Netz permanenter Beobachtungsstellen.

Die erste der beiden gestellten Aufgaben wurde im gewünschten Umfang eigentlich niemals erfüllt. Denn die bereits 1873 erschienene vorbildliche Bearbeitung der „Erdbeben Niederösterreichs" von E. Suess bot unwillkürlich Anlaß zu weiteren analogen Publikationen. So wurden nach und nach folgende Länderchroniken verfaßt: Kärnten (H. Hoefer, 1880), Steiermark (R. Hoernes, 1902), Tirol und Vorarlberg (J. Schorn, 1902), Polen (W. Láska, 1902) und Oberösterreich (H. Commenda, 1934).

Wie sich die Lösung des ersten Teiles der zweiten Aufgabe, nämlich der Ausbau der Registrierstationen, im Laufe der Zeit gestaltete, ist nicht uninteressant, doch fällt die Anführung der wechselvollen Geschichte der altösterreichischen Erdbebenwarten aus dem Rahmen der vorliegenden Arbeit.

Bei der Schaffung des ständigen Beobachternetzes ließ sich die Erdbebenkommission von dem Gedanken leiten, einen dezentralisierten Meldedienst einzurichten — ein Grundsatz, der bei der Größe des Reiches und dem damaligen Stand der Nachrichtenübermittlung gerechtfertigt war. Demnach wurde für jedes Kronland ein Erdbebenreferent — für die gemischtsprachigen Kronländer Tirol und Böhmen je zwei Referenten — ernannt, welche die Aufgabe hatten, ein lokales Beobachternetz auszubauen, die eintreffenden Meldungen zu sammeln und in Form von Jahresberichten der Erdbebenkommission in Wien einzusenden, die ihrerseits für die Veröffentlichung jährlicher Sammelberichte Sorge trug. Die Beobachter erhielten gedruckte Instruktionen und vierseitige Frageblätter.

Es war leicht vorauszusehen, daß sich bei einer derartigen Organisation das Meldewesen in den einzelnen Kronländern je nach der Tüchtigkeit des Referenten verschieden entwickelte. Abgesehen von dem persönlichen Geschick und Eifer bei der Werbung von Beobachtern kam die Eigenheit der 16 Landesreferenten in ihren Jahresberichten, die ja ohne weitere Verarbeitung in der Gesamtpublikation der Reihe nach abgedruckt wurden, deutlich zum Ausdruck. Einige Referenten begnügten sich mit der gekürzten Wiedergabe aller eingelangten Meldungen, während andere darüber hinaus Angaben über Herdlage, Eintrittszeit, Stärke und Ausdehnung des Bebens, mitunter auch Skizzen hinzufügten. Besonders rührige Referenten veranstalteten, sobald in ihrem Bereich ein Erdbeben gemeldet wurde, unmittelbar darauf eine schriftliche Rundfrage.

Um ein gleichmäßig dichtes Beobachternetz zu erlangen, bemühte sich die Erdbebenkommission in Eingaben beim k. k. Ministerium für Cultus und Unterricht um die Mitwirkung der Lehrerschaft, beim k. k. Eisenbahnministerium um die Mitarbeit der Eisenbahnstationen. Dem Referenten für Oberösterreich gelang es z. B. die Landesbehörden der Post und Gendarmerie mit ihren nachgeordneten Dienststellen für den Erdbebendienst zu gewinnen.

Mit Wirkung vom 1. Jänner 1904 wurde zufolge einer Eingabe der Erdbebenkommission der gesamte österreichische Erdbebendienst verstaatlicht und der Zentralanstalt für Meteorologie und Geodynamik in Wien übertragen, während sich die Kommission in Hinkunft die Förderung der Publikation wissenschaftlicher Unternehmungen vorbehielt. Mit der Übernahme des

Erdbebendienstes fiel der Zentralanstalt auch die Herausgabe der jährlichen Erdbebenchronik zu, die in gleicher Weise wie bisher fortgeführt wurde. Im Meldewesen trat insofern eine Änderung ein, als die Meldungen aus Ersparnisgründen [1] direkt an die Zentralanstalt gerichtet wurden, welche die Berichte möglichst umgehend an die einzelnen Referenten weiterbeförderte. Durch diese Maßnahme wurde — mehr oder weniger ungewollt — der erste Schritt zur Zentralisierung des österreichischen Erdbebendienstes in Wien getan. Anläßlich der notwendig gewordenen Änderung der bisherigen Drucksorten gab die Zentralanstalt eine verbesserte Instruktion und eine Fragekarte in Form einer Doppelpostkarte heraus, die sich bestens bewährt hat und heute noch in Gebrauch steht.

Einer Anregung des steirischen Referenten Prof. Dr. R. Hoernes folgend, wurde der allgemeine Jahresbericht ab 1909 im Einvernehmen mit der Erdbebenkommission und den Landesreferenten in verbesserter Form herausgebracht. Die Einzelmeldungen wurden auf knappste Wiedergabe gekürzt, die Beben länderweise gekennzeichnet und numeriert; an die Spitze des Gesamtberichtes kam eine Übersichtstabelle aller Erdbebenvorkommnisse in chronologischer Folge. Die Tabelle enthielt Eintrittszeit, Herdlage, Stärkegrad und Zahl der eingelaufenen Meldungen für jedes Beben.

Mit Ausbruch des ersten Weltkrieges begann ein, wenngleich langsamer, so doch stetig fortschreitender Auflösungsprozeß des hochentwickelten altösterreichischen Erdbebendienstes. Die Jahresberichte 1914 und 1915 erschienen noch in gewohnter Weise, doch fehlten bereits die Jahresberichte des eingerückten niederösterreichischen Landesreferenten, für den anscheinend kein Ersatz gefunden werden konnte. Erst im Jahre 1922 erschien wenigstens eine Übersichtstabelle der bekanntgewordenen Erdbebenvorfälle 1916—1921 in Niederösterreich (ab 1914), Oberösterreich, Steiermark, Salzburg und Tirol-Vorarlberg. Mit dieser bescheidenen Veröffentlichung endet die bisher in Sonderpublikationen geführte österreichische Erdbebenchronik.

In dem kleinen Nachkriegsösterreich wurden zunächst sechs Landesreferenten belassen bzw. neu ernannt, doch bestand — von einer Ausnahme abgesehen — kein nennenswerter Konnex zwischen ihnen und der Zentralanstalt. Man muß heute als besonderen Glücksfall werten, daß Niederösterreichs Referent Dr. J. N. Dörr zugleich Beamter der Zentralanstalt

[1] Die Zentralanstalt stand im Genuß der gebührenfreien Korrespondenz mit ihren Beobachtern.

war. So beschäftigte sich Dr. Dörr aus freien Stücken mit den Erdbebenvorfällen in den anderen Bundesländern und versicherte sich als Ersatz für die verlorengegangenen Beobachtungsstellen der Mitarbeit der Tagespresse und später auch des Rundfunks. Mit dem Bekanntwerden eines neuen Bebenereignisses wurde sogleich ein Aufruf erlassen, in dem die Bevölkerung des betroffenen Gebietes zur Berichterstattung an die Zentralanstalt aufgefordert wurde.

Das Ausscheiden des ältesten und verdienstvollsten Landesreferenten Dr. J. Schorn-Tirol im Jahre 1925, aber noch mehr die Zurücklegung des Erdbebenreferates durch Prof. Dr. Fr. Heritsch-Steiermark mit Ablauf des Jahres 1927 veranlaßten 1928 den damaligen Direktor der Zentralanstalt, Prof. Dr. F. M. Exner, zu dem Vorschlag, den makroseismischen Dienst an die Geologische Bundesanstalt in Wien abzutreten. Trotz baldiger Zustimmung seitens der Erdbebenkommission zogen sich die Übergabeverhandlungen solange hin, bis im Jahre 1934 über Antrag des nachfolgenden Direktors der Zentralanstalt, Prof. Dr. W. Schmidt, der Beschluß der Kommission zurückgenommen wurde und das Bundesministerium für Unterricht folgende Entscheidung traf: Der makroseismische Dienst bleibt mit dem mikroseismischen vereinigt und wird — zusammen mit dem 1928 wiedererstandenen erdmagnetischen Dienst — einer eigenen Geophysikalischen Abteilung der Zentralanstalt endgültig zugewiesen.

Nach Beendigung des langjährigen Interregnums wurde nunmehr der österreichische Erdbebendienst den modernen Bedürfnissen angepaßt, in der Bundeshauptstadt zentralisiert und damit die Ernennung von Landesreferenten hinfällig. Ihrer, die seinerzeit den Erdbebendienst in den österreichischen Ländern zu hoher Blüte verholfen haben, an dieser Stelle zu gedenken, erachten wir als Ehrenpflicht:

Bucher J., Kärnten, 1911—1913, nominell bis 1920,
Commenda J., Oberösterreich, 1896—1918,
Defant A., Tirol-Vorarlberg, 1926,
Dörr J. N., Niederösterreich, 1920—1928, tatsächlich ab 1914,
Fugger E., Salzburg, 1896—1919,
Haupolter A., Salzburg, 1921—1927,
Heritsch Fr., Steiermark, 1910—1927, Burgenland 1922 bis 1927,
Hoernes R., Steiermark, 1896—1910,
Jaeger F., Kärnten, 1903—1910, vertretungsweise 1914 bis 1915,

Noë F., Niederösterreich, 1896—1910,
Pfreimbtner A., Salzburg, 1920,
Schorn J., Tirol-Vorarlberg, 1896—1925,
Schwarz P. Th., Oberösterreich, 1918—1928,
Seeland F., Kärnten, 1896—1901,
Treven K., Kärnten, 1921—1928,
Vapotitsch Fr., Kärnten, 1901—1903,
Vetters H., Niederösterreich, 1911—1914, nominell bis 1919,
Wagner A., Tirol-Vorarlberg, 1927—1928.

Bei der Neuorganisierung des makroseismischen Dienstes wurde nicht nur an die Aufstellung eines Kaders ständiger Beobachter (die Gendarmerieposten bereits ab 1927) geschritten, sondern auch größter Wert auf die fallweise Mitarbeit der durch Presse und Rundfunk aufgerufenen Bevölkerung gelegt. Durch Aussendung von Bebenskizzen auf eigenen Dankkarten sowie auf den Rückseiten der täglichen Wetterkarte wurde das Interesse der Bevölkerung am Erdbebendienst wachgehalten. Während so für eine möglichst vollständige Erfassung der in Österreich wahrgenommenen Erdbeben alles getan war, unterblieb doch deren regelmäßige Veröffentlichung — wenn man von den paar Zeilen in den Tätigkeitsberichten der Zentralanstalt in ihren Jahrbüchern absieht. Bloß von den Jahren 1938—1940 erschienen „Makroseismische Beobachtungen“ in Tabellenform mit verbindendem Text in den eben erwähnten Jahrbüchern.

Der zweite Weltkrieg brachte den österreichischen Erdbebendienst neuerdings zum vollständigen Erliegen. Viel schneller und planvoller als nach dem ersten Weltkrieg vollzog sich diesmal der Wiederaufbau eines neuen organisierten Beobachtungsdienstes im heutigen Österreich. Die veraltete Instruktion wurde von M. Toperczer gänzlich neu entworfen und 1946 unter dem Titel „Anleitung zur Beobachtung und Meldung von Erdbeben“ in einer Auflagehöhe von 5000 Stück nebst 15.000 textlich verbesserten Fragekarten von der Zentralanstalt herausgegeben. Mit dieser Grundlage war es nicht schwierig, binnen wenigen Monaten ein neues dichtes Netz von Beobachtungsstellen aufzubauen, deren Grundstock die Gesamtheit der österreichischen Gendarmerieposten bildete. Hiezu kamen noch alle meteorologischen Beobachtungsstationen der Zentralanstalt, alle Niederschlagsmeßstellen und ein Großteil der Pegelstationen des Hydrographischen Zentralbüros. Überdies erschienen Werbeaufrufe zur Teilnahme in Zeitungen und in den Mitteilungsblättern der katholischen Kirche und der verschiedenen Touristenvereine.

Aus dem Kreis jener Personen, die der jeweiligen Presse- und Rundfunkaufforderung zur Meldung über die Wahrnehmung eines bestimmten Erdbebens Folge leisteten, werden nunmehr laufend neue ständige Beobachter geworben und so das Meldenetz in den habituellen Stoßgebieten Österreichs weiter verdichtet. Gegenwärtig sind weit mehr als 2500 Meldestellen in Österreich mit Anleitung und Fragekarten ausgerüstet. Inzwischen ist auch die notwendig gewordene 2. Auflage von neuerlich 15.000 Meldekarten erfolgt. Für die schnelle Nachrichtenübermittlung, die in der Makroseismik eine bedeutende Rolle spielt, steht dem österreichischen Erdbebendienst seit 1946 auch das anstaltseigene Fernschreibnetz zur Verfügung.

Auch hinsichtlich der Fortführung und Veröffentlichung der Erdbebenchronik Österreichs wurden in den letzten Jahren beachtliche Fortschritte erzielt. So enthält das Jahrbuch 1947 der Zentralanstalt die „Makroseismischen Beobachtungen" der Jahre 1941—1947 in einer, gegenüber 1938/40 etwas abgeänderten, zweckentsprechenderen Form mit beigefügten Skizzen. Den laufenden jährlichen Erdbebenberichten wird nunmehr in den Jahrbüchern der Zentralanstalt ein eigener Abschnitt eingeräumt. Die seit vielen Jahren bestehende empfindliche Lücke 1922—1937 in der Erdbebenchronik ist durch eine im Jahrbuch 1948 erschienene Arbeit von E. Trapp beseitigt. Hiemit liegt die österreichische Erdbebenchronik für den Zeitraum 1896—1948 in geschlossener Folge gedruckt vor.

KAPITEL 2

Die Arbeitsgrundlagen

Außer der Erdbebenchronik 1896—1948 und den in Kapitel 1 eingangs angeführten Länderchroniken existieren viele Sonderarbeiten, die zumeist in den Mitteilungen der Erdbebenkommission oder in anderen Publikationsreihen der Akademie der Wissenschaften in Wien zu finden sind. Die Heranholung der übrigen Veröffentlichungen, die auf die Erdbebentätigkeit in Österreich irgendwie Bezug nehmen, wurde sehr sorgfältig betrieben und es dürfte kaum eine bedeutendere einschlägige Abhandlung übersehen worden sein.

Aus dem zusammengetragenen Quellenmaterial mußte nun eine geeignete Auswahl getroffen werden, die eine gediegene Grundlage für die Weiterbearbeitung sicherte; war doch von Anbeginn klar, daß nur eine Auslese aus den gesamten Erdbebenberichten in Betracht kam. So wurde beschlossen, den alle Beben enthaltenden Erdbebenkatalog mit dem Jahre 1904 zu beginnen und aus den älteren Aufzeichnungen nur jene herauszugreifen, die von Starkbeben, das sind solche von der Stärke $\geqq 6°$ M. S. [1], berichteten.

Der 45 Jahre umfassende Erdbebenkatalog sollte einerseits möglichst alle, anderseits nur verbürgte Erdbebenvorfälle enthalten, weshalb Beben, die bloß mit einer Meldung belegt waren, nur in den seltensten Fällen Aufnahme in den Katalog fanden. Von den verbürgten Erdbeben sollten folgende Daten neu bestimmt werden: Datum, Herdzeit, Epizentrum, Maximalstärke, Größe des Schüttergebietes, Angabe der Registrierstationen, von denen Bebenaufzeichnungen vorlagen, Vor- und Nachbebentätigkeit. Die geforderte Genauigkeit war bei den einzelnen Angaben verschieden, sie richtete sich nach dem Grad der durchschnittlich erreichbaren Erfüllbarkeit. Demnach wurde die Herdzeit auf MEZ.-Minuten genau bestimmt, das Epizentrum in bzw. in die Nähe des Ortes mit der stärksten Bebenwirkung verlegt und die Herdkoordinaten auf Zehntel Bogengrade ausgemessen, ferner die Maximalstärke in Halbgraden M. S. angegeben und die mikroseismischen Berichte der österreichischen und benachbarten ausländischen Registrierstationen verwendet, soweit sie an der Zentralanstalt vorhanden waren.

Das Ausgangsmaterial für die Neubearbeitung bildeten grundsätzlich die Einzelmeldungen, die einerseits bis 1915 gedruckt vorlagen, anderseits ab 1916 (Niederösterreich ab 1914) dem Erdbebenarchiv entnommen werden mußten. Infolge der in Kapitel 1 erwähnten ungeklärten Verhältnisse im Erdbebendienst nach dem ersten Weltkrieg bestehen leider einige Lücken im Archiv durch mehrere Jahre (besonders während 1922—1923), so daß auf die — glücklicherweise noch vorhandenen — handschriftlichen Tabellenberichte der Landesreferenten zurückgegriffen werden konnte.

Die in einer Hand vereinigte generelle Neubearbeitung der Bebenchronik 1904—1948 ergab sich allein schon aus dem Umstand, daß fast die Hälfte der Tabellenchronik neu zu schaffen war; denn für die Jahre 1904—1908 gab es bekanntlich keine Übersichten und der Zeitabschnitt 1922—1937 war bislang unbearbeitet geblieben. Die von den übrigen Jahren vorliegenden Tabellen waren zumeist nicht vollständig genug, um die Durchsicht der Einzelmeldungen zu ersparen, die auch wegen der Ausmerzung unverbürgter Erdbeben notwendig wurde. Über-

[1] 12teilige Mercalli-Sieberg-Skala.

haupt war die genaue Kenntnis des Gesamtmaterials unerläßlich für dessen kritische Prüfung.

In dem nachstehenden Quellenverzeichnis sind zuerst die Jahresberichte des österreichischen Erdbebendienstes in chronologischer Folge, anschließend die übrigen Veröffentlichungen, nach Autoren alphabetisch geordnet, angeführt:

Österreichische Erdbebenberichte

„*Bericht über die Organisation der Erdbebenbeobachtung nebst Mitteilungen über während des Jahres 1896 erfolgten Erdbeben*" (zusammengestellt von Ed. v. Mojsisovics): Mitteilungen der Erdbebenkommission, Alte Folge Nr. 1, Wien 1897.

„*Allgemeiner Bericht und Chronik der im Jahre 1897 innerhalb des Beobachtungsgebietes erfolgten Erdbeben*" (Mojsisovics): Mitt. Erdb.-Komm., A. F. Nr. 5, Wien 1898.

„. . . *im Jahre 1898* . . ." (Mojsisovics): Mitt. Erdb.-Komm., A. F. Nr. 10 (1899).

„. . . *im Jahre 1899* . . ." (Mojsisovics): Mitt. Erdb.-Komm., A. F. Nr. 18 (1900).

„. . . *im Jahre 1900* . . ." (Mojsisovics): Mitt. Erdb.-Komm., Neue Folge Nr. 2 (1901).

„. . . *im Jahre 1901* . . ." (Mojsisovics): Mitt. Erdb.-Komm., N. F. Nr. 10 (1902).

„. . . *im Jahre 1902* . . ." (Mojsisovics): Mitt. Erdb.-Komm., N. F. Nr. 19 (1903).

„. . . *im Jahre 1903* . . ." (Mojsisovics): Mitt. Erdb.-Komm., N. F. Nr. 25 (1904).

„*Allgemeiner Bericht und Chronik der im Jahre 1904 in Österreich beobachteten Erdbeben*" (V. Conrad): Nr. I, Offizielle Publikation der k. k. Zentralanstalt für Meteorologie und Geodynamik, Wien 1906.

„. . . *im Jahre 1905* . . ." (Conrad): Nr. II, Off. Publ. ZA. (1907).

„. . . *im Jahre 1906* . . ." (Conrad): Nr. III, Off. Publ. ZA. (1908).

„. . . *im Jahre 1907* . . ." (Conrad): Nr. IV, Off. Publ. ZA. (1909).

„. . . *im Jahre 1908* . . ." (Conrad): Nr. V, Off. Publ. ZA. (1910).

„. . . *im Jahre 1909* . . ." (R. Schneider): Nr. VI, Off. Publ. ZA. (1911).

„. . . *im Jahre 1910* . . ." (Schneider): Nr. VII, Off. Publ. ZA. (1912).

„. . . *im Jahre 1911* . . ." (Schneider): Nr. VIII, Off. Publ. ZA. (1914).

„. . . *in den Jahren 1912 und 1913* . . ." (Schneider): Nr. IX und X (1915).

„. . . *im Jahre 1914* . . ." (Schneider): Nr. XI, Off. Publ. ZA. (1917).

„. . . *im Jahre 1915* . . ." (J. N. Dörr): Nr. XII, Off. Publ. ZA. (1919).

„. . . *in den Jahren 1916—1921* . . ." (Dörr): Nr. XIII, Amtl. Veröff. ZA. (1922).

„*Makroseismische Beobachtungen 1922—1937*" (E. Trapp): Jahrbücher der Zentralanstalt für Meteorologie und Geodynamik, Jahrgang 1948, Wien 1949.

„. . . *in den Jahren 1938 und 1939* . . ." (V. Mifka): Jb. ZA., Jg. 1939, II. Teil (1940).

„. . . *im Jahre 1940* . . ." (Mifka): Jb. ZA., Jg. 1940, II. Teil (1942).

„. . . *in den Jahren 1941—1945* . . ." (Trapp): Jb. ZA., Jg. 1947 (1948).

„. . . *1946 und 1947* . . ." (Trapp): Jb. ZA., Jg. 1947 (1948).

„. . . *1948* . . ." (Trapp): Jb. ZA., Jg. 1948 (1949).

Literaturverzeichnis

J. Bouška: „*Dynamische Wirkungen der ostalpinen Erdbeben auf dem Gebiete von Groß-Prag.*" Inst. f. Geoph., Spezialarbeit Nr. 1 (Prag 1940), (in tschechischer Sprache mit deutscher Zusammenfassung).

R. Canaval: „*Das Erdbeben von Gmünd am 5. November 1881.*" Sitzungsberichte d. math.-nat. Klasse d. Akademie d. Wissenschaften, 86. Bd./I (Wien 1882).

H. Commenda: „*Übersicht und Ergebnisse der sinnfälligen Erdbebenbeobachtungen in Oberösterreich, insbesonders seit 1873.*" Heimatgaue, Zeitschrift f. oberösterr. Geschichte, Landes- u. Volkskunde, 14. Jg. (Linz 1934).

V. Conrad: „*Die zeitliche Verteilung der in den Jahren 1897 bis 1907 in den österreichischen Alpen- und Karstländern gefühlten Erdbeben.*" Mitt. Erdb.-Komm., Neue Folge Nr. 36 u. 44 (Wien 1909 und 1912).

V. Conrad: „*Laufzeitkurven des Tauernbebens vom 28. November 1923.*" Mitt. Erdb.-Komm., Neue Folge Nr. 59 (Wien 1925).

V. Conrad: „*Schwankungen der seismischen Aktivität in verschiedenen Faltungsgebieten.*" Mitt. Erdb.-Komm., Neue Folge Nr. 63 (Wien 1926).

V. Conrad: „*Das Schwadorfer Beben vom 8. Oktober 1927.*" Gerlands Beiträge z. Geoph., Bd. 20 (Leipzig und Berlin 1928).

J. N. Dörr: „*Das Wienerwaldbeben vom 1. Jänner 1931.*" Beiheft z. Jb. ZA. 1928 (Wien 1931).

J. N. Dörr: „*Über drei Kleinbeben in Österreich im Jahre 1932.*" Beiheft z. Jb. ZA. 1929 (Wien 1936).

C. W. C. Fuchs: „*Statistik der Erdbeben von 1865—1885.*" Sitzungsberichte d. math.-nat. Klasse d. Akademie d. Wissenschaften, 92. Bd./I (Wien 1885).

F. Heritsch: „*Über das Mürztaler Erdbeben vom 1. Mai 1885.*" Mitt. Erdb.-Komm., Neue Folge Nr. 32 (Wien 1908).

F. Heritsch: „*Das mittelsteirische Erdbeben vom 22. Jänner 1912.*" Mitt. Erdb.-Komm., Neue Folge Nr. 43 (Wien 1912).

F. Heritsch: „*Das Judenburger Erdbeben vom 1. Mai 1916.*" Mitt. Erdb.-Komm., Neue Folge Nr. 49 (Wien 1916).

F. Heritsch: „*Transversalbeben in den nordöstlichen Alpen.*" Mitt. Erdb.-Komm., Neue Folge Nr. 53 (Wien 1918).

F. Heritsch und N. Stücker: „*Das Mürzzuschlager Erdbeben vom 6. Juli 1926.*" Mitt. Erdb.-Komm., Neue Folge Nr. 64 (Wien 1926).

F. Heritsch: „*Das Erdbeben von Obdach-Reichenfels am 3. Oktober 1936.*" Mitt. d. naturwiss. Vereines f. Steiermark, 73. Bd. (Graz 1936).

H. Hoefer: „*Die Erdbeben Kärntens und deren Stoßlinien.*" Denkschriften d. Akad. d. Wiss., math.-nat. Klasse, 42. Bd. (Wien 1880).

R. Hoernes: „*Bericht über das obersteirische Beben vom 27. November 1898.*" Mitt. Erdb.-Komm., Alte Folge Nr. 13 (Wien 1899).

R. Hoernes: „*Bericht über die obersteirischen Beben des ersten Halbjahres 1899.*" Mitt. Erdb.-Komm., Alte Folge Nr. 14 (Wien 1899).

R. Hoernes: „*Erdbeben und Stoßlinien Steiermarks.*" Mitt. Erdb.-Komm., Neue Folge Nr. 7 (Wien 1902).

R. Knebel: „*Bericht über die Auswirkung des Erdbebens in den Ortschaften Obdach, Reichenfels und St. Leonhard im Lavanttal am 3., 4. und 5. Oktober 1936.*" Mitt. d. naturwiss. Vereines f. Steiermark, 73. Bd. (Graz 1936).

J. Knett: „*Neue Erdbebenlinien Niederösterreichs.*" Verhandlungen d. Geolog. Reichsanstalt (Wien 1901).

A. Kowatsch: *„Das Scheibbser Erdbeben vom 17. Juli 1876.“* Mitt. Erdb.-Komm., Neue Folge Nr. 40 (Wien 1911).

W. Láska: *„Die Erdbeben Polens“* (I. Teil). Mitt. Erdb.-Komm., Neue Folge Nr. 8 (Wien 1902).

C. W. Lutz: *„Erdbeben in Bayern 1908—1920.“* Sitzungsberichte d. Bayr. Akad. d. Wiss., math.-phys. Klasse, Jg. 1921 (München 1921).

E. Michal: *„Verzeichnis der Erdbeben in der Böhmischen Masse bis zum Jahre 1896.“* Bull. Sism. de l'Inst. Géoph. Nat. Tschécosl., Année II (Prag 1928), (in tschechischer Sprache).

V. Mifka und E. Trapp: *„Das Ebreichsdorfer Beben vom 8. November 1938.“* Sitzungsber. d. Akad. d. Wiss., math.-nat. Kl., Abt. II a, 150. Bd. (Wien 1941).

F. Noë: *„Bericht über das niederösterreichische Beben vom 11. Juni 1899.“* Mitt. Erdb.-Komm., Alte Folge Nr. 16 (Wien 1900).

F. Noë: *„Bericht über das Erdbeben vom 19. Februar 1908.“* Mitt. Erdb.-Komm., Neue Folge Nr. 34 (Wien 1908).

A. Réthly: *„Die Erdbebenkarte Ungarns.“* Gerlands Beitr. z. Geoph., Bd. 13 (Leipzig u. Berlin 1914).

A. Schedler: *„Mikroseismische Bearbeitung des Bebens vom 26. März 1924.“* Mitt. Erdb.-Komm., Neue Folge Nr. 60 (Wien 1926).

J. Schorn: *„Die Erdbeben von Tirol und Vorarlberg.“* Zeitschrift d. Ferdinandeums, III. Folge, 46. Heft (Innsbruck 1902).

J. Schorn: *„Bericht über das Erdbeben in den Alpen vom 13. Juli 1910.“* Mitt. Erdb.-Komm., Neue Folge Nr. 42 (Wien 1911).

J. Schorn: *„Makroseismische Bearbeitung des Bebens vom 26. März 1924 und seiner Nachbeben.“* Mitt. Erdb.-Komm., Neue Folge Nr. 61 (Wien 1926).

J. Schorn: *„Geschichte und Ergebnisse der Erdbebenkunde Tirols, vom makroseismischen Standpunkte aus dargestellt.“* Mitt. Erdb.-Komm., Neue Folge Nr. 62 (Wien 1926).

P. F. Schwab: *„Bericht über Erdbebenbeobachtungen in Kremsmünster.“* Mitt. Erdb.-Komm., Alte Folge Nr. 15 (Wien 1900).

R. Schwinner: *„Das Transversalbeben vom 14. Mai 1930 und der (variszische) Tiefbau der Hohen Tauern.“* Verhandlungen d. Geolog. Bundesanstalt, Jg. 1930 (Wien 1930).

R. Schwinner: *„Die Makroseismen vom 14. Mai 1930, bezogen auf den Bau der Ostalpen.“* Gerlands Beitr. z. Geoph., Bd. 28 (Leipzig 1930).

A. Sieberg: *„Beiträge zum Erdbebenkatalog Deutschlands und angrenzender Gebiete für die Jahre 58 bis 1799.“* Mitt. d. Dtsch. Reichs-Erdbebendienstes, Heft 2 (Berlin 1940).

J. Stiny: *„Das Erdbeben von Schwadorf.“* Materiaux pour l'étude des Calamités, Heft 18 (1928).

N. Stücker: *„Das Judenburger Erdbeben vom 1. Mai 1916.“* Mitt. Erdb.-Komm., Neue Folge Nr. 54 (Wien 1918).

E. Suess: *„Die Erdbeben Niederösterreichs.“* Denkschriften d. Akad. d. Wiss., math.-nat. Klasse, 33. Bd. (Wien 1873).

E. Suess: *„Die Erschütterung an der Kamplinie am 12. Juni 1875.“* Sitzungsberichte d. math.-nat. Klasse d. Akad. d. Wiss., 72. Bd./I (Wien 1876).

A. Till: *„Das große Naturereignis von 1348 und die Bergstürze des Dobratsch.“* Mitt. d. Geogr. Gesellschaft (Wien 1907).

M. Toperczer: *„Das Obdacher Erdbeben vom 3. Oktober 1936.“* Anzeiger d. Akad. d. Wiss., Jg. 1936, Nr. 21 (Wien 1936).

M. Toperczer: *„Das Obdacher Erdbeben vom 3. Oktober 1936.“* Styriabote, Werkszeitg. d. Blech- u. Eisenwerke Styria A. G. Wasendorf, 8. Jg., Heft 5 (1936).

A. Tornquist: *„Das Erdbeben von Rann an der Save vom 29. Jänner 1917.“* Mitt. Erdb.-Komm., Neue Folge Nr. 52 (Wien 1918).

O. Volger: *„Untersuchungen über das Phänomen der Erdbeben in der Schweiz.“* I. Teil: Chronik der Erdbeben in der Schweiz, Verlag Justus Perthes (Gotha 1857).

A. Zátopek: *„Erdbebenbeobachtungen in der Slowakei und im ehemaligen Karpathenrußland 1923—1938.“* Inst. f. Geoph., Spezialarbeit Nr. 2 (Prag 1940), (in tschechischer Sprache mit deutscher Zusammenfassung).

„Jahresbericht des Schweizerischen Erdbebendienstes“, in den Annalen d. Schweizerischen Meteorologischen Zentralanstalt seit 1892 laufend erschienen (Zürich).

„Erdbebenkatalog Deutschlands für die Jahre 1935—1939“ (bearb. v. d. Reichsanst. f. Erdbebenforschung in Jena). Mitt. d. Dtsch. Reichs-Erdbebendienstes, Heft 2 (Berlin 1940).

„Ungarischer Erdbebenkatalog“, in jährlichen Folgen seit 1929, herausgegeben vom Institut National Séismologique de Hongrie (Budapest).

KAPITEL 3

Chronik der österreichischen Starkbeben

Die Kenntnis der zeitlichen und räumlichen Verteilung der Starkbeben in Österreich ist insofern nützlich, als man aus ihr Schlüsse ziehen kann, welche Landstriche unserer Heimat besonders erdbebengefährdet sind. Zu diesem Zweck wurde einerseits eine Liste aller sicher überlieferten Schadenbeben, soweit deren Hypozentrum innerhalb der Grenzen des heutigen Österreich gelegen ist, aufgestellt und anderseits jeder bestimmbare Starkbebenherd in eine Übersichtskarte eingetragen. Bei der Anlegung der Liste wurde der Versuch unternommen, Epizentrum und Maximalstärke auch bei den älteren und ältesten in den Kloster- und Landeschroniken verzeichneten Schadenbeben zu bestimmen. Die Verläßlichkeit der Angaben in der Tabellenchronik nimmt begreiflicherweise mit wachsender Entfernung von der Gegenwart immer mehr ab. Vor dem Jahre 1583, dem Zeitpunkt der Einführung des Gregorianischen Kalenders in Österreich, können infolge unrichtiger Umrechnung Datumsfehler auftreten; der Mangel einer genaueren Zeitbestimmung fällt demgegenüber wenig ins Gewicht. Die Angabe des Epizentrums dürfte im großen und ganzen der Wirklichkeit nahe kommen, obgleich die alten Ortsbezeichnungen manchmal verschiedene Deutungen zulassen. Die Schätzung der Maximalstärke bei den älteren Starkbeben ist natürlich nur roh und wurde hauptsächlich unternommen, um die Beschreibung der Bebenauswirkungen in der Tabelle zu vermeiden und damit die Übersichtlichkeit und Vergleichsmöglichkeit darin zu erhöhen.

Liste der Schadenbeben

Herd auf österreichischem Boden

Jahr	Datum	Zeit h m	Land	Herdgebiet	Max.-Int. Merc-Sieb.
1939	18. 9.	1 15	Niederösterr.	Puchberg a. Schneeberg	—7 °
1938	8. 11.	4 12	Niederösterr.	Ebreichsdorf	—7
1936	3. 10.	16 49	Steiermark	Obdach	7,5
1934	4. 9.	2 26	Tirol	Jenbach	6,5
1933	8. 11.	1 51	Tirol	Namlos	6
1930	8. 10.	0 27	Tirol	Namlos	—7
1930	18. 5.	5 14	Salzburg	St. Martin bei Hüttau	—6
1927	8. 10.	20 49	Niederösterr.	Schwadorf	7,5
1927	25. 7.	21 35	Steiermark	Wartberg	6,5
1926	28. 9.	16 42	Niederösterr.	Ternitz	6,5
1926	6. 7.	8 39	Steiermark	Mürzzuschlag	6,5
1923	28. 11.	7 07	Salzburg	Tamsweg	6
1921	24. 10.	3 06	Tirol	St. Ulrich a. Pillersee	6,5
1920	22. 12.	23 14	Niederösterr.	Kirchberg a. Wechsel	6
1916	1. 5.	11 24	Steiermark	Judenburg	7
1914	31. 8.	14 26	Tirol	Salzberg bei Hall	6,5
1914	30. 8.	12 22	Vorarlberg	Götzis-Klaus	6
1912	22. 1.	21 08	Steiermark	Frohnleiten	6
1911	24. 4.	18 19	Tirol	Pettneu a. Arlberg	6
1910	13. 7.	9 32	Tirol	Nassereith-Silz	7
1910	11. 5.	21 18	Niederösterr.	Sieding	6,5
1910	24. 3.	15 37	Steiermark	Oberwölz	6,5
1908	19. 2.	22 11	Burgenland	Breitenbrunn	6,5
1907	13. 5.	5 23	Steiermark	Kindberg	6,5
1907	22. 3.	20 10	Steiermark	Admont	6
1905	24. 2.	6 25	Tirol	Weerberg	6
1905	2. 2.	23 55	Steiermark	Scheifling	6
1902	19. 6.	10 23	Tirol	Axams bei Innsbruck	6
1899	5. 8.	7 20	Kärnten	Eberndorf im Jauntal	6,5
1897	20. 2.	7 00	Tirol	Innsbruck	—6
1886	28. 11.	23 30	Tirol	Nassereith	7
1885	1. 5.	0 15	Steiermark	Kindberg	7,5
1881	5. 11.	9 42	Kärnten	Gmünd	6
1880	14. 11.	8 30	Tirol	Scharnitz	6
1879	11. 1.	10 08	Kärnten	Eisenkappel	6
1877	28. 12.	4 32	Steiermark	Neumarkt	6
1876	17. 7.	13 17	Niederösterr.	Scheibbs	7,5
1873	3. 1.	19 00	Niederösterr.	Eichgraben	6,5
1872	8. 8.	6 10	Tirol	Innsbruck	6
1870	18. 1.	1 15	Niederösterr.	Schottwien	6
1862	27. 5.	1 20	Tirol	Sillian	6
1859	28. 4.	7 45	Tirol	Jenbach	6
1857	25. 12.	2 30	Kärnten	Rosegg	7
1855	18. 3.	7 15	Kärnten	Villach	6
1847	30. 8.		Steiermark	Kindberg	6
1841	13. 7.	13 30	Niederösterr.	Wiener Neustadt	7

Jahr	Datum	Zeit h m	Land	Herdgebiet	Max.-Int. Merc-Sieb.
1837	14. 3.	16 40	Steiermark	Mürzzuschlag-Semmerg.	7°
1830	26. 6.	5 57	Steiermark	Leoben	6,5
1830	8. 6.	8 10	Niederösterr.	Semmering	6,5
1820	17. 7.	7 30	Tirol	Schwaz	6,5
1811	4. 10.	21 50	Steiermark	Krieglach-Mürzzuschlag	6,5
1810	18. 7.		Steiermark	Admont (Lokalbeben)	7
1794	12. 5.	11 59	Tirol	Innsbruck	6
1794	6. 2.	13 18	Steiermark	Leoben	7,5
1768	27. 2.	2 45	Niederösterr.	Brunn am Steinfeld	8
1767	21. 11.	mittags	Kärnten	Straßburg	7
1766	5.u.16.8.		Burgenland	St. Margarethen	7
1734	6. 1.	nach 3h	Niederösterr.	Baden	6
1727	18. 8.	10 —	Tirol	Innsbruck	6,5
1712	10. 4.	mittags	Niederösterr.	Wiener Neustadt	7
1706	2. 12.		Tirol	Hall	6,5
1706	28. 3.	vor 24h	Tirol	Innsbruck	6
1691	? 12.		Salzburg	Mauterndorf	6,5
1690	4. 12.	15 45	Kärnten	Villach	9
1689	22. 12.	2 —	Tirol	Innsbruck	8
1670	17. 7.	nach 2h	Tirol	Hall	8
1668	27. 8.		Niederösterr.	Wiener Neustadt	7
1595	12. 7.	9 30	Tirol	Hall	6
1590	15./16.9.		Niederösterr.	Neulengbach	9
1572	4. 1.	19 45	Tirol	Innsbruck	8
1571	1. 11. ?		Tirol	Innsbruck	7
1509	14. 9.	20 —	Steiermark, Kärnten, Tirol		?
1348	25. 1.	16 —	Kärnten	Villach	10
1267	8. 5.	3 —	Steiermark	Kindberg	8
1201	4. 5.	15 —	Steiermark	Murau	9

Wegen ihrer Vollzähligkeit nehmen die Starkbeben der 1. Hälfte des 20. Jahrhunderts in der Liste eine dominierende Stellung ein, die ihnen in Wirklichkeit gar nicht zukommt; doch verliert sich dieser Eindruck, wenn man einen Blick in die Spalte der Maximalbebenstärke wirft. Im gegenwärtigen Jahrhundert ereigneten sich zwei Beben, die im Epizentralgebiet umfangreiche Schäden hervorriefen, u. zw. das den meisten Wienern noch bekannte Schwadorfer Beben vom 8. Oktober 1927, das einen Schaden von etwa 600.000 S heutiger Währung verursachte, und das Obdacher Beben an der steirisch-kärntnerischen Landesgrenze vom 3. Oktober 1936 mit einer Schadenssumme von mindestens 300.000 S heutiger Währung. Von den beiden schwersten Erdbeben des vorigen Jahrhunderts, Scheibbs (1876) und Kindberg (1885), liegt der Herd des ersteren in einem ausgesprochen bebenarmen Gebiet Niederösterreichs, der Herd des letzteren in dem erdbebenreichen Mürztal. Im Februar 1768 ereignete sich an der Thermenlinie, in Brunn am Schneeberg bei Wiener Neustadt, ein größeres Schadenbeben, durch welches u. a. auch die Eisdecke der Donau bei Wien aufgerissen und die Leopoldstadt durch eine Überschwemmung verheert wurde.

Der Herd des schwersten historischen Erdbebens in Niederösterreich vom 15. September 1590 lag südlich von Neulengbach in einer Gegend, die nicht zu den erdbebenreichen zählt. Über dieses unheilvolle Naturereignis berichtet der Gutsherr von Schloß Thurm bei Altlengbach, daß seinen Untertanen „Ire Heuser und wonungen Ybern Hauffen geworffen wurden, also, dass sy sich in der wahrhait khaum des druckhnen Prots behelfen khünen", und der Gutsherr von Rappoltenkirchen, daß ihm das „erschreckliche Erdbidem die Pfarkhirchen, das Gschloss und den Mayrhoff alles in den Grund verdorben, zerrissen und Yber einen hauffen gelegt hat". Ein zweites Zerstörungsgebiet befand sich bei Traiskirchen im südlichen Wiener Becken, wo 30 Häuser einstürzten und mehrere Menschen getötet wurden. In Wien erlitt der Stephansturm schwere Beschädigungen, der Turm der Michaelerkirche brach bis zur Uhr ab und der Einsturz der Herberge „Zur goldenen Sonne" in der Rotenturmstraße forderte neun Todesopfer.

Die bis zum Anbeginn der Überlieferung zurück verfolgbare anhaltende Erdbebentätigkeit im Inntal weist Kulminationspunkte im 16. und 17. Jahrhundert auf; in den Jahren 1571/72, 1670/71 und 1689 wurden Innsbruck und Hall von monatelangen Erdbebenserien arg zugerichtet, wobei 1689 auch Menschenleben zu beklagen waren. Gleich reichhaltig ist die obersteirische Chronik, welche auch die beiden ältesten Beben der Liste enthält: Das Mürztaler Beben vom Jahre 1267, bei dem das Schloß Chyndberch (Kindberg) zerstört wurde, und das Murauer Beben vom Jahre 1201, das im oberen Murtal, einschließlich des salzburgischen Lungaues, große Verheerungen anrichtete und u. a. die Schlösser Wizenstein (?) und Chacts (Katsch) vernichtete.

Im Raum von Villach kam es zu Anfang des Jahres 1348 zur größten Erdbebenkatastrophe in der Geschichte Österreichs. Erdstöße von unvorstellbarer Stärke und Heftigkeit zerrissen die Häuser und Befestigungswerke der wohlhabenden Handelsstadt Villach, die durch eine unmittelbar anschließende Feuersbrunst restlos zerstört wurde. Von der Südwand der Villacher Alpe stürzten große Felsmassen zu Tal, verlegten das Bett der

Gail und stauten das Wasser des Flusses. Durch den Bergsturz und die Überflutung wurden im ganzen 17 Dörfer (Weiler) dem Erdboden gleichgemacht. Die Schadenszone reichte im Osten bis Bleiburg, im Süden bis Venedig, wo durch das Beben auch der Canale Grande vorübergehend trockengelegt wurde, im Westen bis Bozen und im Norden bis nach Schwaben und Bayern. Der Fühlbarkeitsbereich umfaßte weite Gebiete Ungarns und Dalmatiens, im Süden die Städte Rom und Neapel, im Westen die Stadt Straßburg am Rhein und im Norden Mitteldeutschland, Böhmen und Mähren; das gibt zusammen eine Fläche von mehr als 350.000 Quadratkilometer. Die Angaben über Menschenverluste schwanken zwischen 500 und 40.000, doch verzeichnet die Mehrheit der Chronisten etliche tausend Tote.

Mehr als 60 Quellen vermitteln uns ein anschauliches Bild über die Auswirkungen dieses Katastrophenbebens. Rubeis schreibt über die Stadt Villach: „Terremotus ut narraverunt personae, quae fuerunt ibi praesentes, Villacum ita commovit, ut etiam una domus integra non remaneret, nisi aliquae parvulae de lignaminibus, quae fundamentum non habebant." Ainether berichtet über den Bergsturz: „Am Pauli Bekehrungstage ist der Berg vor dem Gsicht gegenüber Mitternacht durch ein Erdbüdn zerspaltet herunter gefahlen. Sübzöhen Dörffer, drey Gloster und neun Gotteshaysser völlig verschidt, weliche meistens dem Gloster gehörig gewesen und selbe Gütter von Herzog Otto gestüfft worden. Der Gailfluß hat sich auch angeschwollen und ist etlich Tag nicht durchgebrochen, hernach ebenermaßen das Wasser schadn zugefügt. Follgen die Nomina der verschitten Dörffer ...." Schließlich sei noch Detmar zitiert: „To amolsteyn (= Arnoldstein) vellen de burghe unde huse, unde vordrenkeden wol achteyn dorpe mit wonighen unde luden altomale, de darinne waren, also dat men rekende wol dre dusent lude, de da vorghan wern."

Im Jahre 1690, also ein Jahr nach dem letzten großen Erdbeben in Innsbruck und Hall, wurde Villach neuerlich zum Schauplatz des Schreckens. Die Gassen dieser unglücklichen Stadt waren mit Trümmern erfüllt, viele Häuser mußten gepölzt werden und der in halber Höhe abbrechende Stadtpfarrturm erschlug 30 Menschen. Seither ist Villach von keinem ernstlichen Starkbeben mehr betroffen worden, überhaupt hat die Bebentätigkeit in diesem Teil Kärntens merklich nachgelassen.

Aus dem Zeitraum vor 1201 sind wohl noch Bebenberichte vorhanden, doch geht aus ihnen entweder die Schadenswirkung nicht deutlich hervor wie bei dem Beben vom 30. April 1183 (1182?), dessen Herd sich im Land Salzburg oder Steiermark befand, oder es lag der Bebenherd außerhalb Österreichs wie bei dem zerstörenden Laibacher Beben vom 29. März 1000, das zweifellos auch in unserer Heimat größeren Schaden gestiftet hatte. Die ältesten österreichischen Klosterchroniken enthalten z. B. Wahrnehmungsberichte der Großbeben zu Verona (1117), Basel (1021) und St. Gotthard (944). Die älteste Bebennotiz, in der ein österreichischer Ort (Melk) genannt wird, betrifft ein deutsches Beben, das sich im Jahre 867 von Fulda bis Melk ausgebreitet hat.

In der eingangs erwähnten Übersichtskarte der österreichischen Starkbeben (siehe Beilage 2) sind die 28 Schadenbebenherde des 20. Jahrhunderts besonders gekennzeichnet. Aus der Karte ersieht man, daß allein das Bundesland Oberösterreich keinen Starkbebenherd aufweist und — wie sich später noch zeigen wird — auch das erdbebenärmste Land in Österreich ist. Ein Mangel, welcher der Bearbeitung unserer Starkbeben anhaftet und in der Karte vielleicht am deutlichsten zum Ausdruck kommt, ist das Fehlen der Schadenbebenherde in den angrenzenden ausländischen Gebieten. Durch die Einbeziehung solcher, für uns schwerer zu erfassenden Starkbeben würde die Unvollkommenheit der Bearbeitung bloß vergrößert werden, es sei denn, daß später einmal durch das Zusammengehen mehrerer Staaten eine umfassendere Erdbebenchronik angelegt werden könnte. Sofern es sich nur um Starkbeben handelt, möge die folgende kurze Bemerkung den eben aufgezeigten Mangel wenigstens teilweise beheben.

Ein Übergreifen der Schadenszone ausländischer Erdbeben auf österreichisches Gebiet ist vor allem im Süden und Westen unseres Landes zu erwarten, u. zw. in Südkärnten durch Beben der Karawanken, der Julischen und Karnischen Alpen, in Ost- und Nordtirol durch die Beben Südtirols und des Engadins, in Vorarlberg durch die Beben im Prättigau, Rheintal und Bodensee. Dabei nimmt die Häufigkeit und Wahrscheinlichkeit des Eintretens solcher Bebenereignisse von Osten nach Westen ab, so daß also Südkärnten etwas mehr gefährdet ist als das Nordtiroler und Vorarlberger Grenzgebiet. Durch die Beben der Schwäbischen Alb und der Kleinen Karpaten wird Österreich selten in schadenbringender Weise betroffen.

Im Erdbebenkatalog 1904—1948 sind zufälligerweise folgende ausländische Starkbeben verzeichnet, die auf österreichischem Boden noch mit der Stärke 6° M. S. gefühlt wurden:

16. November	1911	$22^h\ 26^m$	Rauhe Alb (Württemberg)
26. März	1924	$18^h\ 08^m$	Sterzing (Südtirol)
2. September	1929	$6^h\ 52^m$	Neumarktl-Loiblpaß (Karawanken)
14. Mai	1930	$1^h\ 01^m$	Auronzo (Dolomiten).

KAPITEL 4

Bemerkungen zum Erdbebenkatalog 1904—1948

Mit der Anlegung des Erdbebenkatalogs 1904—1948 sollte nicht nur eine übersichtliche Zusammenstellung aus einem Guß geschaffen werden, in der die zumeist fraglichen Kleinstbeben eliminiert sind, sondern auch die Grundlage für eine statistische Untersuchung der Erdbebentätigkeit in Österreich.

Der im Anschluß an den Textteil in Tabellenform wiedergegebene Bebenkatalog weist gegenüber dem handschriftlichen Original, das in der Erdbebenabteilung der Zentralanstalt für Meteorologie und Geodynamik in Wien aufliegt, einige Kürzungen bzw. Vereinfachungen auf. So entfallen die Rubriken, in denen die Größe des Schüttergebietes angegeben und die Stationen mit Bebenaufzeichnungen angeführt sind, zur Gänze, die Daten über Vor- und Nachbeben sind in die Rubrik „Bemerkungen" hineingenommen. Zur deutlichen Unterscheidung der ausländischen, nach Österreich eingestrahlten Erdbeben von den autochthonen Beben sind erstere in Kursivschrift gedruckt. Jede Unsicherheit in den Angaben ist durch Einklammerung ( ) gekennzeichnet.

Die Bearbeitung des Erdbebenkatalogs erfolgte nicht nach vorher starr festgelegten Regeln, vielmehr entwickelten sich aus der Arbeit selbst sehr bald jene Grundsätze und Richtlinien, die den Verhältnissen unseres Landes am besten entsprechen. Eigene Wege wurden in der Behandlung der Vor- und Nachbeben, die bei statistischen Untersuchungen stets gewisse Schwierigkeiten bereiten, und durch die Einteilung der Schüttergebiete in fünf Größenklassen beschritten. Nachstehend wird im einzelnen berichtet, auf welche Weise die Daten für den Erdbebenkatalog gewonnen wurden.

Die angegebene Uhrzeit entspricht stets der Herdzeit — auch bei den eingestrahlten Erdbeben. Sofern ein Beben zur seismographischen Aufzeichnung gelangte, wurde diese zur exakten Bestimmung der Bebeneintrittszeit herangezogen, ansonsten ein Mittelwert aus den Zeitangaben der verläßlichen

Beobachtungen allein gebildet. Besonders im ersten Dezennium waren in den österreichischen Ländern neben der mitteleuropäischen Zeit noch verschiedene Ortszeiten in Geltung, derer sich damals viele Beobachter bedienten. Da leider nicht wenige unter ihnen öfters die Angabe der Bezugszeit unterließen, dürften im Erdbebenkatalog die Eintrittszeiten etlicher Kleinbeben der ersten Zeit mit Minutenfehlern behaftet sein. Weit schlimmer war der 12-Stunden-Fehler, der dadurch zustande kam, daß in früheren Jahren der Tag zu zweimal 12 Stunden gezählt wurde und der auf die Unterlassung der Angabe „vormittags" (a. m.) bzw. „nachmittags" (p. m.) in der Bebenmeldung zurückzuführen ist. In einigen Fällen ist bei der Neubearbeitung die Aufdeckung dieses Fehlers gelungen, doch mag er vielleicht bei dem einen oder anderen Kleinbeben noch bestehen geblieben sein.

Für die Bezeichnung des Landes, in dem sich das betreffende Erdbeben ereignete, waren die Grenzen des Jahres 1937 maßgebend; das gilt in gleicher Weise für die politischen Grenzen der ausländischen Staaten.

Da beabsichtigt war, alle Bebenherde in eine Übersichtskarte einzutragen, mußten die Herdkoordinaten auf Zehntelgrade genau bestimmt werden. Aus diesem Grunde wurde das Epizentrum stets mehr oder weniger punktförmig angenommen und in der Regel auf eine Ortschaft — seltener auf einen Berggipfel — bezogen, obwohl öfters eine derart genaue Festlegung des Epizentrums gar nicht möglich war. Die hiedurch sicherlich entstandenen kleinen Abweichungen von der wahren Herdlage sind bei der Fülle des für die statistische Auswertung vorliegenden Materials gänzlich bedeutungslos.

Die Neubestimmung der Maximalbebenstärke war schon aus dem Grunde notwendig, weil die 12teilige Bebenskala von Mercalli-Sieberg erst jüngeren Datums ist; dazu kam noch, daß die Bebenstärken von jedem Landesreferenten etwas anders eingeschätzt wurden. Bei der Neubearbeitung bewährte sich hier die Einheit der Person und der Verfasser des Bebenkatalogs war bemüht, stets die gleiche Einstellung zu der M.-S.-Skala beizubehalten. Im allgemeinen wurde bei der Stärkebestimmung das Auslangen mit Halbgraden M. S. gefunden und nur in besonderen Fällen, vornehmlich bei Schadenbeben, durch die Verwendung des += und —= Zeichens eine feinere Abstufung der Maximalbebenstärke herbeigeführt. Bei den eingestrahlten Beben sind im Katalog nur die in Österreich aufgetretenen maximalen Bebenstärken verzeichnet.

Zur erschöpfenden Darstellung der Seismizität in Österreich gehören auch die Daten über den Fühlbarkeitsbereich der Beben. Nun wurde die Bestimmung der Schüttergebiete in einer für die statistische Bearbeitung geeigneten Weise durchgeführt, u. zw. nach folgendem, den Gegebenheiten unseres Landes angepaßtem Schema:

erschütterte Fläche	Klasse
$\leqq$ 20 km²	0
21— 1.000 „	1
1.001—10.000 „	2
10.001—50.000 „	3
über 50.000 „	4

Bei allen landeseigenen Beben, deren Wirkungsbereich über die Staatsgrenzen hinausreichte, mußte auch der ausländische Anteil des Schüttergebietes erfaßt werden, wenn man die seismischen Verhältnisse unseres Landes richtig wiedergeben wollte. Hingegen genügte bei den ausländischen Beben die Bestimmung des österreichischen Schütterteilgebietes.

Ein Problem war die geeignete Unterbringung der Vor- und Nachbeben im Erdbebenkatalog. Da weder die völlige Aufnahme derselben in die Rubrik „Bemerkungen" noch ihre Behandlung als selbständige Beben gerechtfertigt war, mußte ein Mittelweg eingeschlagen werden.

Alle Vor- und Nachbeben, die in Form lokaler Einzelstöße — ohne eigentliches Schüttergebiet — in Erscheinung traten, wurden beim Hauptbeben vermerkt. Der Zeitraum, in dem ein gleichherdiges Nebenbeben noch als Vor- bzw. Nachbeben in diesem Sinne gezählt wurde, war gewöhnlich mit 14 Tagen begrenzt; diese Frist erneuerte sich jedesmal automatisch beim Auftreten eines solchen Nebenbebens. Hatten jedoch die dem Hauptbeben vorangehenden bzw. nachfolgenden gleichherdigen Erdstöße den Charakter von selbständigen Beben mit einem ausgeprägten Schüttergebiet und Isoseistenverlauf, dann wurden sie im Bebenkatalog gesondert eingetragen.

Schwächere Nachstöße innerhalb der nächsten 60 Minuten blieben überhaupt unberücksichtigt. Erfolgte jedoch der Entspannungsvorgang im Herd in mehreren annähernd gleich starken Stößen, dann wurde dieser als ein Beben angesehen und alle Stoßzeiten angegeben, z. B. 4. Juli 1906, $22^h\ 35^m$ und $23^h\ 15^m$, Mieming in Tirol. Es kamen auch einige Sonderfälle vor, die in der Tabelle nicht leicht unterzubringen waren. An zwei Beispielen sei gezeigt, wie solche Fälle erledigt wurden. *1.* Das bekannte Schwarmbeben von St. Ulrich am Pillersee

(Tirol) im Jahre 1921 ist im Katalog durch zwei Eintragungen festgehalten, u. zw. der sehr heftige erste Erdstoß am 28. Juli und der stärkste Stoß, der am 24. Oktober während der intensivsten seismischen Tätigkeit (18. bis 26. Oktober) erfolgte; in der Rubrik „Bemerkungen“ befindet sich die Notiz: „Schwarmbeben 8. Oktober 1921 bis 25. März 1922.“ *2.* Aus dem 30tägigen Nachbebenschwarm des Obdacher Schadenbebens vom 3. Oktober 1936 wurden die beiden stärkeren Nachbeben am 4. und 5. Oktober herausgegriffen und gesondert angeführt.

Die Epizentren der landeseigenen Beben 1904—1948 wurden in einer Karte von Österreich eingetragen und dabei durch verschiedene Symbole die Herde der schwächeren, mittelstarken und starken Beben besonders gekennzeichnet (siehe Beilage 1). Die Eintragung der ausländischen Bebenherde entfiel aus mehreren Gründen. Erstens lagen die entfernteren von ihnen außerhalb des Kartenrandes, zweitens war ihre Lage nicht immer genau genug bekannt und drittens hätten im ausländischen Grenzgebiet alle dort bodenständigen Bebenherde bekannt sein müssen, damit ihre Einzeichnung von wirklichem Wert gewesen wäre. Leider hat die mangelnde Kenntnis der wahren seismischen Verhältnisse in den Jahren 1904—1948 jenseits unserer Grenzen zur Folge, daß die Seismizität auch im österreichischen Grenzland nicht befriedigend dargestellt werden konnte.

KAPITEL 5

Der zeitliche Verlauf der Erdbeben

Der Frage, ob dem zeitlichen Ablauf der Bebentätigkeit eines bestimmten Gebietes irgendwelche Gesetzmäßigkeiten zugrunde liegen, sind viele Untersuchungen gewidmet worden. Einen zusammenfassenden und sehr eingehenden Überblick über dieses Problem gibt V. Conrad[1]. Der Klarstellung dieses Fragenkomplexes kommt eine gewisse praktische Bedeutung zu; aus dem gelungenen Nachweis zeitlicher Regelmäßigkeiten im Ablauf der Bebentätigkeit erhalten wir Aufschlüsse über das Zustandekommen der Beben, überdies aber steht dieses Problem in Verbindung mit der Frage nach der Möglichkeit einer objektiven Bebenvorhersage.

Im Rahmen der vorliegenden Mitteilung handelt es sich aber weniger um die Untersuchung der Zusammenhänge als

---

[1] V. Conrad: *„Die zeitliche Folge der Erdbeben.“* Handbuch d. Geophysik IV, Gebr. Borntraeger, Berlin 1932.

vielmehr darum, das wirklich Gegebene festzustellen. Ihrem Ursprung nach gehören die Beben Österreichs in der überwiegenden Zahl zur Gruppe der tektonischen Beben. Vulkanische Beben traten hier in historischer Zeit niemals auf, Einsturzbeben sind an der Gesamtzahl der hier mitgeteilten Bebenereignisse nur mit einem sehr kleinen Bruchteil beteiligt.

Die Beben Österreichs bilden also hinsichtlich ihrer Entstehungsursache in der Hauptsache eine homogene Gruppe seismischer Ereignisse, an der zur statistischen Bearbeitung keine weitere Unterteilung mehr vorgenommen wurde. Ihre Kraftquelle sind tektonische Vorgänge in der äußeren festen Kruste der Erde; diese ist im betrachteten Gebiet hinsichtlich ihrer Entstehungsgeschichte auch wieder als annähernd gleichartig anzusehen; sie gehört zum allergrößten Teil zum Gebiet der alpinen Faltung.

In der nachstehenden Tabelle 1 ist der jährliche Verlauf der Bebentätigkeit durch die Monatssummen dargestellt. Da die Monate von ungleicher Länge sind, enthält die zweite Zeile die auf eine gleiche Monatslänge von 30 Tagen reduzierten Summen, die dritte Zeile enthält die auf die einzelnen Jahreszwölftel entfallende Bebenhäufigkeit in Promille.

Tabelle 1

Jährlicher Gang der Bebenhäufigkeit (1904—1948)

Monat	I	II	III	IV	V	VI	VII	VIII	IX	X	XI	XII	Jahr
alle Beben	65	67	53	35	71	39	49	40	56	58	53	62	648
red. Werte	63	72	51	35	69	39	47	39	56	56	53	60	640
relat. Häufigkeit ‰	98	113	80	55	108	61	73	61	87	87	83	94	1000
ausgegl. Werte ...	102	97	83	80	74	81	65	74	78	86	88	92	1000

Die Tabelle zeigt keine gleichmäßige Verteilung der Beben über die einzelnen Monate; bei gleichmäßiger Verteilung betrüge die relative monatliche Bebenhäufigkeit 83 Promille. Wir finden vielmehr eine vergrößerte Bebenhäufigkeit im Winterhalbjahr, unternormale Werte im Sommerhalbjahr. 55·5% aller Beben entfallen nämlich auf die Winterhälfte, 44·5% auf die Sommerhälfte des Jahres. Der jahreszeitliche Unterschied ist nicht sehr groß, aber doch deutlich ausgeprägt. Auffällig ist auch das stark hervortretende sekundäre Maximum im Mai, nachdem der vorhergehende Monat das absolute Minimum enthält.

Einen besseren Einblick in den Verlauf des jährlichen Ganges gibt die nach der Formel (a+b+c) : 3 einfach ausgeglichene Reihe der relativen Häufigkeit. Sie ist in der Zeile 4 der obigen Tabelle enthalten. Einen Überblick über seinen Verlauf gibt noch die nebenstehende Abbildung 1. In ihr entsprechen den einzelnen Säulen die relative Häufigkeit für den jeweiligen Monat, der Kurvenzug gibt den Verlauf der ausgeglichenen Werte, die sich nun nicht mehr unmittelbar auf den Monat beziehen, an.

Der Ausgleich läßt eine einfache Jahreswelle deutlich hervortreten.

Nach den Untersuchungen von V. Conrad ist die Jahreswelle reell. Wenn wir auch den primären tektonischen Ursachen keine Periodizität von der Größe des Sonnenjahres zuschreiben können, so gilt dies doch für eine Reihe von bebenauslösenden Ursachen, vor allem für die wechselnde Beanspruchung der Kruste durch Luftdruckschwankungen.

Die Entstehung eines Bebens ist ein im allgemeinen komplexer Vorgang. Unbedingt nötig hiezu ist die Ansammlung elastischer Spannungen bis zum kritischen Wert oder seine nächste Umgebung. Nicht unbedingt notwendig ist das Hinzutreten einer äußeren auslösenden Ursache; die äußere Zusatzkraft braucht dabei, weil eben die inneren Spannungen schon fast den kritischen Wert erreicht haben, nur verhältnismäßig gering zu sein. Die äußere Beanspruchung der Kruste ist im Verhältnis zu den endogen wirkenden tektonischen Kräften von untergeordneter Bedeutung.

In der Hauptsache sind Erdbeben jedenfalls durch endogene Kräfte bedingt und deswegen in ihrem zeitlichen Auftreten durch keinerlei Periodizität ausgezeichnet. Das Anwachsen der Spannungen ist keine periodische, sondern in erster Näherung eine monotone Funktion der Zeit. Ein anderes Verhalten zeigen die auslösenden Ursachen, vor allem die meteorologisch bedingten, in erster Linie also die Luftdruckschwankungen und die Belastung durch festen Niederschlag bzw. die Entlastung der Kruste durch das Abschmelzen der Schneedecken. Hier ist natürlich ein jährlicher Gang deutlich ausgesprochen.

Das Zusammenwirken der beiden Einflüsse, der dominierenden endogenen und der nur auslösend wirkenden exogenen Kräfte erfolgt als ein zufälliges Ereignis. Denn die exogenen Kräfte bleiben unwirksam, wenn nicht vorher die endogenen Spannungen einen bestimmten Schwellenwert erreicht haben. Umgekehrt kann aber auch ein Beben ohne auslösende Ursache

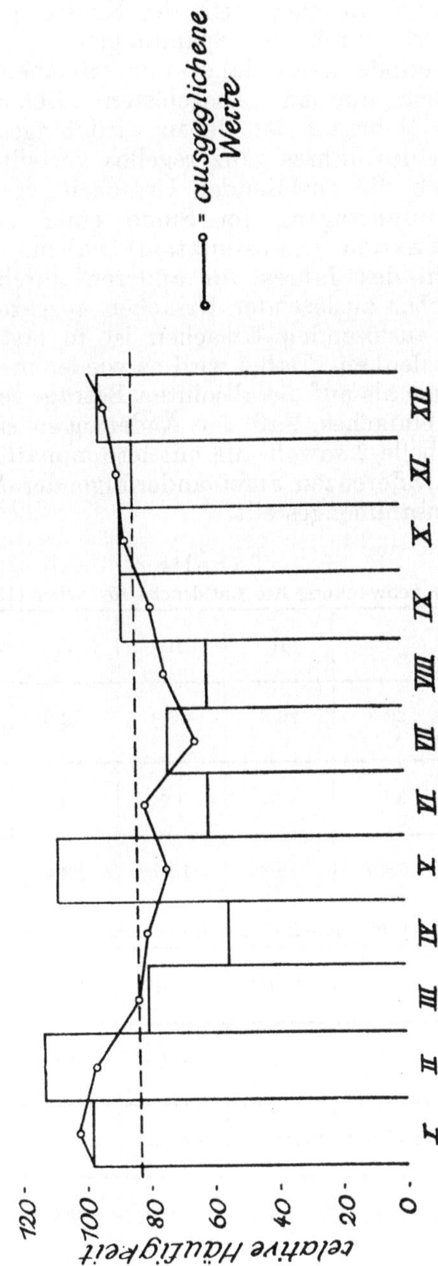

ausgeglichene Werte
relative Häufigkeit
‰
120
100
80
60
40
20
0
I
II
III
IV
V
VI
VII
VIII
IX
X
XI
XII

Abb. 1

stattfinden, wenn an einer Stelle des Krustengefüges der Widerstandsgrenzwert durch die Spannungen überschritten wurde. Eine Jahresperiode kann daher nur an einem Bruchteil aller Beben, nämlich nur an „ausgelösten“ Beben auftreten, die überwiegende Mehrzahl der Beben wird hingegen in Bezug auf den Zeitraum des Jahres ganz regellos verteilt sein.

Aber auch die auslösenden Ursachen werden kaum einen regelmäßigen Jahresgang im Sinne einer einfachen mathematischen Funktion (Sinusfunktion) haben. Es werden nur gewisse Zeiten des Jahres vor anderen durch eine besondere Aktivität solcher auslösender Ursachen ausgezeichnet sein.

Bei den auslösenden Ursachen ist in erster Linie an den Luftdruck zu denken. Dabei wird es wieder mehr auf die Größe der Änderungen als auf die absoluten Beträge selbst ankommen. Als ein sehr einfaches Maß der Änderungen sind in der nachstehenden Tabelle 2 sowohl die mittlere monatliche Schwankung als auch die Differenzen aufeinanderfolgender Monatsmittel des Luftdrucks zusammengestellt.

Tabelle 2

Mittlere Schwankung des Luftdrucks für Wien (1851—1920)

Monat	I	II	III	IV	V	VI
mm Hg	29·3	26·8	26·9	22·0	18·7	16·0
Monat	VII	VIII	IX	X	XI	XII
mm Hg	15·0	15·3	18·7	23·4	27·9	30·3

Änderung der Monatsmittel des Luftdrucks in Wien (1851—1920)

für die Monate	I—II	II—III	III—IV	IV—V	V—VI	VI—VII
mm Hg	— 1·2	— 2·8	— 0·4	0·8	0·6	0·2
für die Monate	VII—VIII	VIII—IX	IX—X	X—XI	XI—XII	XII—I
mm Hg	0·3	1·4	— 0·5	0·1	0·2	1·3

Die Schwankungssumme des Winters verhält sich zu der des Sommers wie 86·4 zu 46·3 und ebenso ergibt sich für die beiden Zeiträume als Änderungssumme (Summe der absoluten Beträge) 5.3 und 1·9 mm.

Der Ablauf der Luftdruckänderungen stimmt in großen Zügen mit dem Gang der Bebenhäufigkeit überein, eine physikalische Beziehung zwischen den beiden Ereignisreihen anzunehmen, ist durchaus plausibel. In ganz besonderem Maß werden vermutlich die großen atmosphärischen Schaltvorgänge, die eine Umgestaltung der Großwetterlage herbeiführen und die in den langjährigen Reihen der meteorologischen Elemente als Singularitäten des Wetterablaufes sich ausprägen, als sekundäre Bebenursachen wirksam sein.

Ein solcher Schaltvorgang von verhältnismäßig großer Regelmäßigkeit ist die Umstellung der mittleren Wetterlage und damit auch der Luftdruckverteilung auf den Sommermonsun; damit könnte das sekundäre Maximum der Bebenhäufigkeit im Monat Mai, in dem dieser Schaltvorgang einsetzt, in Verbindung stehen. Entsprechende Vorgänge finden im Herbst statt und sind in beiden Reihen zu erkennen.

Unter den auslösenden Ursachen kommt dem Luftdruck zweifellos die bedeutendste Wirkung zu, andere meteorologische Faktoren spielen eine geringere Rolle. Sie müssen sich sozusagen mit dem Rest von Spannungen begnügen, der durch ihn noch nicht ausgelöst wurde. Von größerer Bedeutung wird hier nur noch die Ansammlung festen Niederschlages sein, die Ausbildung einer großen, geschlossenen Schneedecke und die dadurch bewirkte Belastung der Kruste, die besonders in den Monaten Jänner und Februar die Bebenhäufigkeit erhöhen kann.

Der Verlauf der Bebenhäufigkeit zeigt, daß den zum Großteil regelmäßig über die einzelnen Monate verteilten Beben ein schwacher jährlicher Gang überlagert ist, der durch entsprechende jahreszeitliche Schwankungen der auslösenden Ursachen, in erster Linie meteorologischer Faktoren (Luftdruck), erklärt werden kann.

Den täglichen Gang der Erdbebenhäufigkeit erhält man durch die Gruppierung der einzelnen Bebenereignisse nach der Stunde ihres Auftretens. Die Gesamtzahl der hiezu verwendeten Erdbeben ist um drei kleiner als bei der Ableitung des jährlichen Ganges. Dies kommt daher, daß für die drei Beben die Eintrittsstunde nicht sicher anzugeben ist, sie mußten daher für diese Zusammenstellung ausgeschieden werden.

In der nebenstehenden Tabelle 3 ist nicht nur die Verteilung aller Beben angegeben, sondern eine besondere Gruppe der Starkbeben ausgesondert und für sich dargestellt worden. Als Starkbeben wurden hier alle Beben zusammengefaßt, die den Grad 5 der Mercalli-Sieberg-Skala erreichten oder überschritten. Die Aussonderung dieser Bebengruppe, von der anzunehmen ist, daß sie zu allen Tageszeiten so kräftig auftritt, daß sie von Beobachtern nicht übersehen werden kann, ist für die Beurteilung des täglichen Ganges notwendig. Nach der physio-psychologischen Hypothese von F. Montessus de Ballore kann bei allen Beben ein täglicher Gang subjektiv dadurch vorgetäuscht werden, daß während der belebten Tagesstunden mit ihren andauernden künstlichen Erschütterungen durch Verkehr und Industrie eine Reihe schwächerer Beben eben wegen des hochliegenden Störspiegels sich der Wahrnehmung entzieht.

In der Tabelle 3 sind die relativen Häufigkeiten und schließlich wieder die nach der Formel $(a+b+c):3$ ausgeglichenen Werte derselben zusammengefaßt.

Eine derartige Ausgleichung hat bei Wertereihen mit grober Intervallteilung (Tag, Stunde), wie sie hier vorliegt, eine gewisse Berechtigung. Durch sie werden die im einzelnen nicht erfaßten Ungleichheiten in der Verteilung, die Zusammendrängung von Ereignissen gegen Intervallgrenzen ausgeglichen. Bei den nicht mikroseismisch aufgezeichneten Beben haftet zudem den Zeitangaben, vor allem für Beben aus früherer Zeit, eine gewisse Unsicherheit an. Vor der allgemeinen Zugänglichkeit genauer Zeitangaben durch den Rundfunk, also etwa vor dem Jahre 1928, wird die Genauigkeit der Zeitangaben für nicht registrierte Beben wohl kaum größer als 5—10 Minuten gewesen sein. Alle diese Umstände geben der Verwendung ausgeglichener Reihen zur Darstellung des zeitlichen Verlaufes der Bebenhäufigkeit eine gewisse Berechtigung. Die folgende Abbildung 2 zeigt den Verlauf der ausgeglichenen Werte für alle Beben und die Gruppe der Starkbeben.

Nicht nur die ausgeglichenen, sondern auch die nicht ausgeglichenen Reihen der relativen Bebenhäufigkeit zeigen einen überlagerten täglichen Gang. Während der Nachtstunden zwischen 20 und 6 Uhr liegt die Bebenhäufigkeit über dem durchschnittlichen Wert von 42 Promille, während der Tagesstunden ist sie hingegen unternormal.

Tabelle 3

Der tägliche Gang der Bebenhäufigkeit (1904—1948)

Stunde	0—1	1—2	2—3	3—4	4—5	5—6	6—7	7—8	8—9	9—10	10—11	11—12	12—13
alle Beben	33	39	45	40	31	33	24	20	17	17	23	12	28
Starkbeben	5	12	11	12	5	11	6	11	6	5	6	5	6

Stunde	13—14	14—15	15—16	16—17	17—18	18—19	19—20	20—21	21—22	22—23	23—24	Summe
alle Beben	14	18	20	21	19	25	19	34	41	38	34	645
Starkbeben	1	4	6	7	6	6	4	7	12	8	8	170

Relative Bebenhäufigkeit in ‰

Stunde	0—1	1—2	2—3	3—4	4—5	5—6	6—7	7—8	8—9	9—10	10—11	11—12
alle Beben	51	60	70	62	48	51	37	31	26	26	36	19
Starkbeben	29	71	65	71	29	65	35	65	35	29	35	29

Stunde	12—13	13—14	14—15	15—16	16—17	17—18	18—19	19—20	20—21	21—22	22—23	23—24
alle Beben	43	22	28	31	33	29	39	29	53	64	59	53
Starkbeben	35	6	24	35	41	35	35	24	41	71	47	47

Ausgeglichene Werte der relat. Bebenhäufigkeit

Stunde	0—1	1—2	2—3	3—4	4—5	5—6	6—7	7—8	8—9	9—10	10—11	11—12
alle Beben	55	60	64	60	53	45	40	31	28	29	27	33
Starkbeben	49	55	68	55	55	43	55	45	43	33	32	33

Stunde	12—13	13—14	14—15	15—16	16—17	17—18	18—19	19—20	20—21	21—22	22—23	23—24
alle Beben	28	31	27	31	31	34	32	40	49	59	59	54
Starkbeben	23	22	22	33	37	37	32	33	45	54	55	41

‰
80
70
60
50
40
30
20
10
relative Häufigkeit
Stunde 0 1 2 3 4 5 6 7 8 9 10 11 12 13 14 15 16 17 18 19 20 21 22 23 24
: alle Beben
: Starkbeben

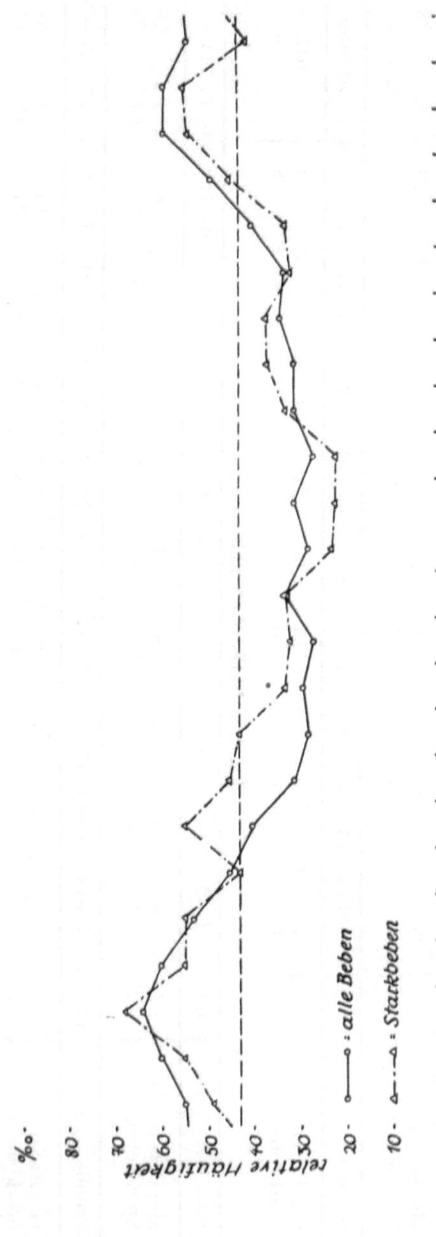

Abb. 2

Es ist schwierig, für diese Tatsache eine hinreichende Erklärung zu finden. Unter den auslösenden Ursachen gibt es keine, durch die ein derartiger Gang der Bebenhäufigkeit hervorgerufen werden könnte. Die tägliche Doppelwelle des Luftdrucks hat ihr Hauptmaximum während der Tagesstunden, ebenso scheidet wegen der halbtägigen Periodizität der Einfluß der Gezeitenkräfte aus.

Auch das physio-psychologische Moment erhöhter Wahrnehmungsbereitschaft während der ruhigen Nachtzeit gibt keine ausreichende Erklärung, weil die Gruppe der Starkbeben den gleichen Gang aufweist. Wir können daher nur das Vorhandensein eines überlagerten täglichen Ganges feststellen, ihn aber keiner bekannten Ursache mit Gewißheit zuordnen.

Zum Abschluß dieses, dem zeitlichen Verlauf der Bebentätigkeit gewidmeten Abschnittes soll noch ganz kurz der säkulare Verlauf in den hier untersuchten 45 Jahren betrachtet werden.

Hinsichtlich des säkularen Verlaufes ist das vorhandene Material zweifellos nicht ganz homogen. Dazu tragen hauptsächlich äußere Ursachen bei. Einerseits haben die technischen Hilfsmittel der Nachrichtenübermittlung an die Öffentlichkeit durch den Rundfunk eine starke Bereicherung erfahren und damit die Erfassung der Beben gefördert, im entgegengesetzten Sinn haben die politischen Umstände, das Auftreten zweier großer, langdauernder Kriege im Berichtszeitraum und ihre den Erdbebendienst treffenden organisatorischen Rückwirkungen auf die möglichst lückenlose Erfassung aller vorgefallener Beben eingewirkt.

Deswegen wurde zur Beurteilung des säkularen Verlaufes die Gruppe der Starkbeben wieder gesondert angeführt, weil auf diese Bebengruppe die genannten störenden Einflüsse sich nur in einem ganz verschwindenden Ausmaße ausgewirkt haben. Es genügt eine Unterteilung des 45jährigen Zeitraumes 1904—1948 nach Lustren, um das charakteristische Verhalten des säkularen Ganges festzuhalten.

Die folgende Tabelle 4 gibt, nach Lustren unterteilt, die Zahl der auf sie entfallenden Beben an. In der letzten Zeile sind noch die Prozentanteile der Starkbeben an der Gesamtbebenzahl für die einzelnen Abschnitte, sowie für die Gesamtsumme der Beben, angeführt.

Tabelle 4

Säkularer Verlauf der Bebentätigkeit (1904—1948)

Lustrum	1904—08	1909—13	1914—18	1919—23	1924—28
alle Beben	106	87	82	62	67
Starkbeben	35	34	20	17	25
d. i. in % aller Beben	33	39	24	27	37

Lustrum	1929—33	1934—38	1939—43	1944—48	Summe
alle Beben	65	91	51	37	648
Starkbeben	15	12	2	12	172
d. i. in % aller Beben	23	13	4	32	26

Der säkulare Gang der Bebenhäufigkeit zeigt eine deutlich fallende Tendenz; dies gilt auch für die Gruppe der Starkbeben.

Der säkulare Gang hängt vom zeitlichen Verlauf der primären Bebenursachen allein ab. Soweit wir aus der Bebentätigkeit auf das tektonische Geschehen schließen können — wobei immer die Kürze des hier behandelten Zeitraumes gemessen an den Zeitmaßen geologischen Geschehens zu bedenken ist —, ist dieses heute weniger rege als zu Beginn der hier untersuchten Reihe. An der Realität des Ergebnisses kann dabei nicht gezweifelt werden, da die heutigen Hilfsmittel eher für ein besseres Erfassen vorgefallener Beben sprechen als in der Vergangenheit.

Der Anteil der Starkbeben an der Gesamtheit aller Beben zeigt Schwankungen, aus denen man auf eine gewisse Inhomogenität des Grundmaterials schließen könnte. Im Zeitraum 1904—1928 beträgt im Mittel der Anteil der Starkbeben am gesamten Material 32%, im Durchschnitt der letzten vier Lustren hingegen nur 18%. Nach 1928 nun war der Rundfunk bereits soweit verbreitet, daß er das wichtigste Hilfsmittel zur Benachrichtigung der Bevölkerung und damit zur besseren Erfassung von Beben geworden war. Mit einer besseren Erfassung der vorgekommenen Beben muß aber notwendigerweise der Anteil der Starkbeben absinken, da diese in ihrer Erfassung von der Verbesserung des Nachrichtendienstes unberührt blieben.

KAPITEL 6

Die räumliche Verteilung der Erdbebentätigkeit in Österreich

Einen ersten Eindruck der räumlichen Verteilung der Bebentätigkeit vermittelt die Übersichtskarte der Epizentren (Beilage 1) im 45jährigen Zeitraum 1904—1948. Die Intensität der diesen Herden entstammenden Beben ist durch Kennzeichnung der Bebenherde nach drei Stärkegruppen berücksichtigt worden. In der Gruppe der schwachen Beben sind alle Beben bis zur Stärkeklasse 4·5 ° M. S. zusammengefaßt, die Gruppe der Starkbeben umfaßt alle Beben vom Stärkegrad 6·5 ° M. S. aufwärts; bei ihnen treten Schadenswirkungen regelmäßig auf. Die dazwischen liegenden Beben definieren die Gruppe der Mittelbeben, deren Stärke so groß ist, daß sie jederzeit mit Sicherheit beobachtet werden, jedoch im allgemeinen noch keinen Schaden anrichten. Die Gruppentrennung erfolgte also nach vorwiegend praktischen Gesichtspunkten.

Da allen Stärkeangaben hier einheitlich die Mercalli-Sieberg-Skala zugrunde gelegt wurde, mußten vor allem für die älteren Beben nach den Angaben über ihre Wirkung die Stärkeangaben umgerechnet werden. Überhaupt wurden bei Aufstellung des Katalogs noch einmal für alle Beben die Maximalintensitäten in ganz einheitlicher Weise auf halbe Stärkegrade festgesetzt, um von persönlichen Unterschieden der verschiedenen früheren Bearbeiter frei zu sein.

Die räumliche Anordnung der Bebenherde zeigt eine deutliche Gruppierung. Weiten Gebieten mit geringer oder fast fehlender seismischer Tätigkeit stehen ziemlich scharf begrenzte Gebiete großer seismischer Regsamkeit gegenüber.

Die Gebiete größter seismischer Aktivität finden sich in der Grenzzone zwischen den nördlichen Kalkalpen und den Zentralalpen. Die Hauptzentren liegen hier im Osten im Bereich des Semmering, im Westen im Inntal. Vom Semmering erstreckt sich ein gegen Nordosten gerichteter Ausläufer ins östliche Alpenvorland, wo im Bereich des Schwadorfer Doms wieder eine Häufung von Bebenherden festzustellen ist. Südwestlich des Semmering erstreckt sich ein Gebiet kräftiger Aktivität entlang der Mürz—Murtallinie, dessen herdreichstes Gebiet in der Umgebung von Judenburg—Murau liegt.

Diesen Hauptgebieten gegenüber sind die Häufungsstellen von Bebenherden im Becken von Windischgarsten (Bosruckgebiet), im Ennstal (Gesäuse), im Lechtal (Umgebung von Namlos) und im Vorarlberger Rheintal von viel geringerer Ausdehnung und Mächtigkeit.

Nur vereinzelte und schwache Bebenherde finden sich im Bereich der Böhmischen Masse und im oberösterreichischen Alpenvorland, dessen wenige Epizentren eine gewisse Beziehung zum Hausruck aufweisen.

Ebenso finden wir nur verhältnismäßig wenige Epizentren, ziemlich regellos verstreut, im Bereich der südlichen Kalkalpen, also in der alpin-dinarischen Zone.

Weiteren Einblick in die Anordnung und auch in die Persistenz der Bebenherde erhalten wir aus der Anordnung der Starkbebenherde, wie sie die Übersichtskarte der Beilage 2 zeigt. Hier sind nur die Beben mit Schadenswirkung zusammengefaßt, doch wurde bei dieser Karte über den Zeitraum 1904—1948 in die Vergangenheit zurückgegriffen. Mit einiger Sicherheit und Vollständigkeit lassen sich aus der historischen Überlieferung aber nur schadenbringende Beben entnehmen. Bei Beschränkung auf diese Bebengruppe ist daher die Möglichkeit zur Erlangung einer weiteren annähernd homogenen Ereignisreihe gegeben. Der Gruppe der Schadenbeben kommt zudem große praktische Bedeutung zu. Die Stellen ihres regelmäßigen Auftretens kennzeichnen die in erster Linie erdbebengefährdeten Räume.

Auch in dieser Übersicht treten die schon bekannten Hauptbebengebiete klar hervor: Das Semmeringgebiet mit der Mur—Mürztallinie, sein Ausläufer gegen das Tertiärbecken der Leithabucht am Alpenostrand, der Obdacher Sattel mit seiner Umgebung und das mittlere Inntal.

Wir erhalten aber auch einige Ergänzungen des aus den Beben der Gegenwart abgeleiteten Bildes. In der heute praktisch aseismischen Flyschzone liegt der Starkbebenherd von Neulengbach, und die Großbebenherde in der Umgebung von Villach zeigen, daß die alpin-dinarische Zone nach dem heutigen Befund zwar wenige Klein- und Mittelbebenherde enthält, daß sich in ihr die angesammelten Spannungen in seltenen, dafür aber um so kraftvolleren Entladungen ausgleichen. Den isolierten Fall des Neulengbacher Bebens wird man wohl am einfachsten als ein erzwungenes Beben auffassen können, bei dem sich die Spannungen einmal in der Nähe des Widerlagers der alpinen Faltung, der Böhmischen Masse bzw. ihrem Vorland ausgeglichen haben.

Abgesehen von diesen Ausnahmefällen zeigt aber diese Karte, daß sich auch in der Vergangenheit die seismische Tätigkeit in der Hauptsache in den Gebieten abgespielt hat, in der wir sie auch heute noch feststellen können.

Einen noch klareren Überblick über die Verteilung der seismischen Aktivität können wir erhalten, wenn es gelingt, ein brauchbares, zahlenmäßiges Maß für sie einzuführen. Ein solches Maß der Seismizität wird dann praktisch besonders brauchbar sein, wenn es gelingt, es in einfacher Weise zu den Größen in Beziehung zu setzen, die ein Beben im makroseismischen Sinn charakterisieren, nämlich zum Stärkegrad und zur Größe des Schüttergebietes. Die Seismizität ist ein etwas unklarer Begriff und wird in der Literatur in verschiedenem Sinn gebraucht. Es ist deswegen zweckmäßig, zunächst eine physikalisch möglichst sinnvolle Definition der Seismizität zu geben.

Eine einwandfreie Darstellung der Seismizität könnte in der Art gegeben werden, daß man innerhalb des Schüttergebietes einem jeden Punkt eine Maßzahl zuordnet, die die Größe der Erschütterungswirkung in diesem Punkt angibt. Faßt man diese Erschütterungszahlen als Höhenkoten auf, so entsteht dadurch über der Fläche des Schüttergebietes ein ,,Erschütterungsgebirge", dessen Verlauf die Erschütterungswirkungen im Bebengebiet darstellt. Summiert man diese einzelnen ,,Gebirge" innerhalb des Untersuchungsgebietes über einen bestimmten Beobachtungszeitraum, so gibt das so entstandene ,,Summengebirge", das in seinem Verlauf durch die Summe der Maßzahlen für die Erschütterungswirkung in jedem Punkt definiert ist und durch Linien gleicher Erschütterungswirkung dargestellt werden kann, den räumlichen Verlauf der Seismizität an.

Das zur Konstruktion solcher ,,Erschütterungsreliefs" erforderliche Zahlenmaterial steht aber nur für eine geringe Anzahl von Beben zur Verfügung, es wäre für viele Beben der älteren Zeit nicht einmal rekonstruierbar. Die hier skizzierte, sachlich einwandfreie Methode, die Seismizität aus der Summe der Erschütterungswirkungen zu definieren, kann daher nicht angewendet werden. Man kann aber diese Methode weitgehend vereinfachen, ohne dabei die physikalische Begründung opfern zu müssen.

Man kann zur Definition der Seismizität von der Energiemenge ausgehen, die bei einem Beben freigemacht wird, diese Energiemenge dem jeweiligen Herd als ihrem Quellpunkt zuordnen und dann die Summierung über sämtliche Herde innerhalb eines gewissen Zeitraums und für gewisse kleine Flächenstücke, die das Untersuchungsgebiet gleichmäßig überdecken, durchführen. Dabei ist nur wegen der rechnerischen Vereinfachung der Herd als Punkt angenommen. Tatsächlich sind die Quellgebiete der Energie bei tektonischen Beben von endlicher Ausdehnung. Auch auf diese Art ergeben sich schließlich Linien gleicher Energieergiebigkeit, deren räumliche Verteilung die Seismizität definieren kann. Es handelt sich nur darum, ein verhältnismäßig einfaches Maß für die Energieentfaltung des einzelnen Bebens zu finden.

Die wahre Energieentfaltung eines Bebens können wir nicht genau angeben, da wir über den Bebenvorgang im einzelnen zu wenig wissen. Der Mechanismus eines Bebens ist uns im besten Fall qualitativ, aber nicht quantitativ bekannt. Prinzipiell ist nur die an der Erdoberfläche als Bebenwirkung in Erscheinung tretende Energiemenge meßbar. Nur ein Teil der bei einem Beben freiwerdenden wahren Energie erreicht die Erdoberfläche. Ein gewisser Teil der wahren Bebenenergie bewirkt Vorgänge im Gesteinsmantel der Erde, erzeugt dort Deformationen und Massenumlagerungen, wird als neue Spannung gespeichert oder in Wärme verwandelt. Dieser im Innern der Erde erfolgende Energieverbrauch ist für uns kaum meßbar. Wir können nur ganz allgemein sagen, daß ein Teil der wahren Bebenenergie auf dem Weg zur Oberfläche durch Extinktion verloren geht.

Für uns ist aber zunächst nur der an der Oberfläche wirksame Anteil, die scheinbare Bebenenergie, von Bedeutung. Dieser prinzipiell meßbare Anteil wird aber auch nur nach seinen zum Teil recht zufälligen Wirkungen an einzelnen Punkten geschätzt. Diese Schätzung von Bebenwirkungen erfolgt nach der empirischen Bebenskala; sie ist trotz ihrer physikalischen Unvollkommenheit doch ein durchaus brauchbares Maß. Durch sie werden einzelne Bebenereignisse hinsichtlich ihrer Intensität untereinander vergleichbar gemacht. Als das eine Bestimmungsstück für die scheinbare Energie eines Bebens wollen wir daher die nach der empirischen Skala bestimmte Bebenstärke im Epizentrum verwenden.

Die andere Größe, durch die die scheinbare Bebenenergie gekennzeichnet werden kann, ist die Größe des Schüttergebietes.

Beide Größen sind notwendig. Gleiche Bebenstärken können bei ganz verschiedener Größe des Schüttergebietes auftreten; je größer bei gleicher Bebenstärke im Epizentrum das Schüttergebiet ist, um so größer ist die scheinbare Bebenenergie. Als ein zweckmäßiges, relatives Maß für die scheinbare Bebenenergie ergibt sich daher das Produkt: Bebenstärke im Epizentrum mal Größe des Schüttergebietes.

Dieses Relativmaß der Seismizität hat übrigens eine sehr anschauliche Bedeutung und hängt mit der ersten Definition der Seismizität durch das „Erschütterungsgebirge“ unmittelbar zusammen.

Denken wir uns als relatives Maß für die Schütterwirkung in jedem Punkt den entsprechenden Grad der Bebenskala als Höhenkote aufgetragen, so wird durch die hier gegebene Definition dieses durch Beobachtung niemals ganz in seinem Verlauf erfaßbare wahre „Erschütterungsgebirge“ durch den hier verwendeten Ausdruck ausgeglichen und idealisiert. An der Grenze des Schüttergebirges verschwinden die Bebenstärken, alle Höhenkoten sind dort Null. Es wird daher durch die hier gewählte Definition das wahre, aber unregelmäßige „Erschütterungsgebirge“, dessen Höhen wir überall vereinbarungsgemäß nach dem jeweiligen Stärkegrad messen wollen, und dessen wirklicher Verlauf unbekannt ist, durch einen einfachen geometrischen Körper, u. zw. durch einen Kegel, ersetzt, dessen Grundfläche mit dem des wahren „Erschütterungsgebirges“ übereinstimmt und dessen Höhe gleich der Bebenwirkung im Epizentrum ist. Da es indes nur auf ein relatives Maß ankommt, ist der stets gleiche Faktor $^1/_3$ als bedeutungslos weggelassen worden. Daß beide Definitionen zum gleichen Ergebnis führen, ist nicht verwunderlich; die Summe der Erschütterungswirkungen muß gleich dem Energieaufwand des Bebens sein.

Bei der praktischen Anwendung dieser Definition zur Darstellung der Seismizität wurde noch eine weitere Vereinfachung eingeführt. Die tatsächliche Ausdehnung des Schüttergebietes war nur für einen Bruchteil aller hier verwendeten Beben genügend sicher bekannt, nämlich für diejenigen, die genauer untersucht worden waren und für die Bebenskizzen vorlagen. Für den Rest der Beben konnte die Größe des Schüttergebietes nur durch Schätzung bestimmt werden. Um nun durch die verschieden genaue Kenntnis der Ausdehnung des Schüttergebietes nicht eine Inhomogenität in die Grundwerte zur Bestimmung der Seismizität hineinzutragen, haben wir uns damit begnügt, alle Beben nach der Größe ihres Schüttergebietes ganz grob in fünf Klassen einzuteilen. Da es nur auf relative Maßzahlen ankommt, ist diese Vereinfachung sachlich ohne besondere Bedeutung. Das Grundsätzliche der Klasseneinteilung ist in den Erläuterungen zum Bebenkatalog bereits angegeben worden. Die Grundlage für die gewählte Klasseneinteilung bildeten 69 genauer untersuchte Beben, die sich auf alle Hauptbebengebiete Österreichs verteilen und daher brauchbare Ausgangswerte geben mußten.

Die Klasseneinteilung ist ziemlich grob und recht willkürlich, die Intervallteilung entspricht keiner geometrischen Progression, wie es am natürlichsten gewesen wäre; sie soll deshalb auch keineswegs als musterhaft angesehen werden. Sie entspricht aber in dieser Form am besten den besonderen Verhältnissen, die sich einerseits aus den geographischen Gegebenheiten, anderseits aus den besonderen Eigenheiten des Materials ergaben.

Die Klasseneinteilung wurde daher so gewählt, daß für ein jedes Beben die Zuordnung einwandfrei und ziemlich mühelos erfolgen konnte. Dabei war in erster Linie der verhältnismäßig kleine Flächeninhalt Österreichs und seine langgestreckte Form mit der geringen Breitenausdehnung im Westen zu berücksichtigen. Dies bewirkt, daß oft bei ausgedehnteren Beben Teile des Schüttergebietes ins Ausland fallen, von wo die entsprechenden Meldungen zur genaueren Abgrenzung des Schüttergebietes nicht immer leicht und vollständig genug erlangt werden konnten.

In der nachstehenden Tabelle 5 ist der statistische Zusammenhang zwischen Klasse und Stärkegrad für alle hier verwendeten Beben in Form einer Verteilungstafel dargestellt.

Tabelle 5

Beziehung zwischen Stärkegrad und Klasse (Schüttergebiet) der Beben

Stärkegrad ...	2·5	3·0	3·5	4·0	4·5	5·0	5·5	6·0	6·5	7·0	7·5	Summe
Klasse: 0.....	—	21	18	31	5	6	—	—	—	—	—	81
1.....	2	33	50	161	80	57	4	—	1	—	—	388
2.....	—	2	5	28	26	41	19	5	2	—	—	128
3.....	—	—	—	1	7	10	4	8	5	1	—	36
4.....	—	—	—	—	2	1	—	1	2	4	2	12
Summe .	2	56	73	221	120	115	27	14	10	5	2	645

Durch die Zuordnung von Stärkegrad und Klasse für jedes Beben ist nunmehr auch die kartographische Darstellung der Seismizität in technisch einfacher Weise möglich.

Bei der kartographischen Darstellung wurde darauf Wert gelegt, die Quellgebiete seismischer Energie festzulegen, nicht aber die räumliche Verteilung der Erschütterungssummen darzustellen. Zu diesem Zweck wurde folgendermaßen vorgegangen: Das gesamte Untersuchungsgebiet wurde in sphärische Rechtecke eingeteilt, deren Seitenlängen je 0·2° in Breite und Länge betragen. Ein jeder Quadratgrad enthält somit 25 derartiger Rechtecke. Für ein jedes Rechteck wurde die Summe der Produkte aus Klasse und Stärkegrad für einen jeden in ihm liegenden Bebenherd gebildet. Die so erhaltene Zahl ist das hier gewählte Maß für die in diesem Bereich während des Zeitraumes 1904—1948 ausgelöste seismische Energie. Aus der flächenhaften Verteilung dieser Zahlen, in Verbindung mit der wirklichen Herdlage innerhalb der einzelnen Teilbereiche wurden dann die Linien gleicher Bebenenergie (Isenergeten) konstruiert, deren Verlauf die räumliche Verteilung der Seismizität angibt. Auf die räumliche Ausdehnung der Bebenherde, d. h. auf den Umstand, daß sich die maximale Bebenstärke nicht nur auf einen Punkt, sondern ein Gebiet um das mathematische Epizentrum bezieht, ist bei dieser Art der Konstruktion Rücksicht genommen.

Das Ergebnis dieser Konstruktion zeigt die Übersichtskarte der Seismizität, dargestellt durch Isenergeten (Beilage 3). Auch auf ihr treten die einzelnen, schon bekannten Hauptgebiete seismischer Tätigkeit gut hervor; in dieser Darstellung werden sie nun auch zahlenmäßig unter sich vergleichbar. Weitaus an erster Stelle steht das Semmeringgebiet mit seinen Ausläufern in das Tertiärgebiet des Alpenostrandes und in das Mürztal, sowie das Herdgebiet des oberen Murtales. An zweiter Stelle kommt das Inntalsystem mit seinem Ausläufer gegen Namlos. Ihnen gegenüber tritt die Ergiebigkeit der anderen Quellgebiete weit zurück und große Teile Österreichs zeigen sich in dem hier definierten Sinn als aseismisch.

Bei der Beurteilung des Kartenbildes ist zu beachten, daß in ihm Quellgebiete seismischer Energie dargestellt sind. Die hier als aseismisch dargestellten Gebiete sind innerhalb des Berichtszeitraumes bei weiter ausstrahlenden Beben wohl mehrfach erschüttert worden, sie waren aber niemals selbst aktiv tätig. In diesem Sinne ist hier die Bezeichnung „aseismisch“ zu verstehen.

Die hier vorgenommene Beschränkung auf die Darstellung seismisch aktiver Gebiete ist für den Geologen und Geophysiker bedeutungsvoller und aufschlußreicher als eine Darstellung der Erschütterungswirkung. In enger Beziehung zum tektonischen

Geschehen stehen die Quellgebiete seismischer Energie, nicht aber die Erschütterungswirkung im allgemeinen.

Aber auch für alle praktischen Anwendungen reicht die hier gegebene Darstellung in ihrer Beschränkung auf Quellgebiete vollkommen aus. In Österreich sind nur die seismisch aktiven Gebiete die erdbebengefährdeten Räume, weil nur in der nahen Umgebung der Herde die Bebenstärken schadenbringende Werte erreichen. Ausnahmen von diesem Verhalten, nämlich ein weitreichendes Schadensgebiet, das durch diese Art der Darstellung nicht erfaßt werden würde, zeigen nur ganz wenige Beben der historischen Überlieferung. Es sind dies Ereignisse, die ganz selten in säkularem Abstand auftreten. Von den hier behandelten Beben des Berichtszeitraumes gehört keines dieser Gruppe an, sie erreichen höchstens die Stärke von Mittelbeben.

Die Darstellung der Seismizität durch Isenergeten ist mehrdeutig. Denn die dargestellten Energiesummen können auf verschiedene Weise zustande kommen, durch Summierung einiger starker oder vieler schwacher Beben. Diese Mehrdeutigkeit wird aber durch die ebenfalls beigefügte Karte der Herdverteilung größtenteils behoben. Sie gibt annähernd Aufschluß, auf welche Art die angegebene Energiemenge eines bestimmten Gebietes entstanden ist.

Zum Schlusse erlauben sich die Verfasser der Akademie der Wissenschaften zu Wien für die Gewährung einer Subvention, durch die das Zustandekommen dieser Arbeit wesentlich gefördert wurde, ihren aufrichtigen Dank auszusprechen.

Anmerkung: Die hier zur praktischen Darstellung der Seismizität verwendete Beziehung: maximale Bebenstärke mal Klasse (Schüttergebiet) wurde schon als rein empirischer Ausdruck für die Darstellung der Seismizität von F. Hader (Vortrag vor der Geographischen Gesellschaft in Wien am 21. Februar 1938) verwendet.

Erdbebenkatalog 1904—1948

Vb. = Vorbeben, Nb. = Nachbeben

Datum	MEZ h m	Land	Herdgebiet	φ°	λ°	Max.-Int. Merc.-S.	Bemerkungen
			1904				
5. 1.	1 48	Kärnten	Eisenkappel	46·5	14·6	4·5°	
10. 3.	*5 23*	*Italien*	*Karnische Alpen*	—	—	*4·5°*	
10. 3.	*21 47*	*Italien*	*Meran*	*46·7*	*11·2*	*5°*	
31. 5.	4 45	Tirol	Längenfeld, Ötztal	47·1	11·0	4°	
23. 8.	7 18	Niederösterr.	Schottwien	47·7	15·9	5°	
17. 9.	23 45	Kärnten	Eisenkappel	46·5	14·6	4·5°	mit Nb.
29. 9.	3 (10)	Tirol	Wattens	47·3	11·6	4°	
5. 10.	14 55	Niederösterr.	Schottwien	47·7	15·9	5°	
11. 10.	9 05	Steiermark	Kindberg	47·5	15·4	5°	
12. 10.	3 30	Tirol	Hall	47·3	11·5	3°	
20. 10.	8 22	Tirol	Oberperfuß	47·2	11·2	4°	
22. 11.	6 25	Vorarlberg	Götzis, Rheintal	47·3	9·6	4·5°	
22. 11.	20 50	Tirol	Brandenberg	47·5	11·9	4°	
30. 11.	12 06	Steiermark	Bad Einöd	47·0	14·4	5·5°	
8. 12.	1 57	Salzburg	Bischofshofen	47·4	13·2	5·5°	
11. 12.	10 20	Steiermark	bei Gaal	(47·3)	(14·8)	4°	
14. 12.	8 15	Niederösterr.	Wörth bei Gloggnitz	47·7	16·0	5°	
15. 12.	11 31	Niederösterr.	Gloggnitz	47·7	16·0	3·5°	
			1905				
2. 2.	23 15	Niederösterr.	Weikersdorf a. Steinfeld	47·8	16·1	4°	
2. 2.	23 55	Steiermark	Scheifling	47·2	14·4	6°	
8. 2.	12 48	Steiermark	St. Gallen i. Ennstal	47·7	14·6	4·5°	
10. 2.	23 00	Steiermark	Obdach	47·1	14·8	5°	
13. 2.	2 42	Steiermark	Langenwang, Mürztal	47·6	15·6	5°	Vb. am 12. 2.
18. 2.	3 15	Steiermark	Langenwang	47·6	15·6	5·5°	
20. 2.	19 20	Niederösterr.	Schottwien	47·7	15·9	4°	
24. 2.	6 25	Tirol	Weerberg	47·3	11·6	6°	Nb. am 28. 2. u. 1. 3.
5. 3.	0 (05)	Tirol	Wattens	47·3	11·6	3·5°	
31. 3.	11 45	Steiermark	Aigen, Ennstal	47·5	14·2	5°	Nb. am 1. u. 3. 4.
2. 4.	*18 46*	*Jugoslawien*	*Weißenfels*	*46·5*	*13·6*	*4°*	
21. 4.	19 30	Niederösterr.	Schottwien	47·7	15·9	(4°)	

Datum	MEZ h m	Land	Herdgebiet	φ°	λ°	Max.-Int. Merc.-S.	Bemerkungen
28. 4.	2 45	Tirol	Mieming	47·3	11·0	5°	
15. 5.	2 43	Steiermark	Aigen	47·5	14·2	4°	
21. 5.	1 20	Oberösterr.	Hinterstoder	47·7	14·2	4°	
27. 5.	18 58	Tirol	Längenfeld, Ötztal	47·1	11·0	4·5°	
19. 7.	12 (45)	Steiermark	Aigen	47·5	14·2	4°	Nb. im Sept.
9. 9.	3 (25)	Oberösterr.	Ulrichsberg	48·7	13·9	3°	
12. 9.	1 39	Tirol	St. Anton a. Arlberg	47·1	10·3	4°	
13. 9.	12 41	Niederösterr.	Ternitz	47·7	16·0	4°	
16. 9.	4 03	Vorarlberg	Langen a. Arlberg	47·1	10·1	5°	
20. 9.	3 (35)	Steiermark	Kindberg	47·5	15·4	5°	2 Vb.
25. 9.	16 43	Tirol	Schwaz	47·4	11·7	4°	
28. 10.	0 (20)	Tirol	Mayrhofen, Zillertal	47·2	11·9	4·5°	
3. 12.	2 (50)	Tirol	W von Telfs, Inntal	47·3	11·0	3°	
17. 12.	*23 17*	*Jugoslawien*	*N von Agram*	*(45·9)*	*(15·9)*	*3·5°*	
25. 12.	*18 06*	*Schweiz*	*Chur*	*46·8*	*9·5*	*4°*	
26. 12.	*1 20*	*Schweiz*	*Chur*	*46·8*	*9·5*	*4·5°*	
29. 12.	3 10	Vorarlberg	Bludenz	47·2	9·8	5°	
			1906				
2. 1.	*5 27*	*Jugoslawien*	*NE von Agram*	*(45·9)*	*(16·0)*	*5°*	
10. 1.	*0 06*	*ČSR*	*Dobravoda, Kl. Karpath.*	*48·6*	*17·4*	*4·5°*	
16. 1.	*3 51*	*ČSR*	*Dobravoda*	*48·6*	*17·4*	*3°*	
28. 1.	9 10	Tirol	St. Anton a. Arlberg	47·1	10·3	5°	
29. 1.	3 10	Vorarlberg	Bludenz	47·2	9·8	3·5°	
30. 1.	5 (02)	Tirol	St. Anton a. Arlberg	47·1	10·3	3·5°	
14. 3.	19 50	Tirol	Langkampfen	47·5	12·1	4°	mit Vb.
16. 3.	1 (40)	Steiermark	Bruck a. d. Mur	47·4	15·3	4°	
21. 3.	1 (50)	Vorarlberg	E von Schruns	47·1	10·0	4·5°	mit Nb.
7. 4.	17 53	Kärnten	Eisenkappel	46·5	14·6	5·5°	
22. 4.	5 30	Niederösterr.	Ober-Meisling, Bezirk Krems	48·5	15·5	4°	mit Vb.
13. 5.	3 (15)	Steiermark	N von Obdach	47·1	14·8	4°	
4. 7.	{22 35, 23 15}	Tirol	Mieming	47·3	11·0	4°	
9. 7.	9 23	Steiermark	Pernegg	47·4	15·3	5°	mit Nb.
7. 8.	8 05	Oberösterr.	Windischgarsten	47·7	14·3	4°	
8. 8.	2 38	Tirol	Mieming	47·3	11·0	4°	
18. 9.	21 (55)	Steiermark	Bruck a. d. Mur	47·4	15·3	4°	
6. 10.	11 00	Vorarlberg	Lech	47·2	10·2	3·5°	
22. 12.	13 15	Salzburg	Schwarzach	47·3	13·2	4·5°	
23. 12.	16 57	Steiermark	Wildon	46·9	15·5	5°	

Datum	MEZ h m	Land	Herdgebiet	φ°	λ°	Max.-Int. Merc.-S.	Bemerkungen
			1907				
28. 1.	12 38	Steiermark	N von Gaal	47·3	12·6	4°	
2. 3.	23 15	Kärnten	Gmünd	46·9	13·5	4°	
22. 3.	20 10	Steiermark	Admont	47·6	14·5	6°	Nb. zahlreich bis 30. 3.
25. 3.	22 40	Steiermark	Altenmarkt a. d. Enns	47·7	14·7	4°	
1. 4.	17 43	Niederösterr.	Fischau a. Steinfeld	47·8	16·2	4°	
10. 5.	6 52	Steiermark	Leoben	47·4	15·1	4·5°	
13. 5.	5 23	Steiermark	Kindberg	47·5	15·5	6·5°	mit Vb.
17. 5. 18. 5. 21. 5.	— — — — — —	Steiermark	Weichselboden	47·7	15·2	bis 5°	Nb. am 26. 6.
2. 7.	*3 32*	*Italien*	*(Tolmezzo)*	*46·4*	*13·0*	*4°*	
25. 7.	1 53	Tirol	Neustift i. Stubaital	47·1	11·3	4·5°	Vb. am 22. u. 23. 7.
29. 7.	4 (50)	Tirol	Umhausen i. Ötztal	47·1	10·9	4°	
2. 10.	*10 (47)*	*Italien*	*Brenner*	*47·0*	*11·5*	*3°*	
25. 10.	3 30	Kärnten	Gmünd	46·9	13·5	4°	
12. 11.	16 (50)	Tirol	Fritzens, Inntal	47·3	11·6	5°	
2. 12.	1 (05)	Tirol	Schwaz	47·4	11·7	4°	
			1908				
19. 1.	12 37	Tirol	Innsbruck	47·3	11·4	3°	
30. 1.	(2 30)	Niederösterr.	E von Kernhof	47·8	15·6	4°	
1. 2.	7 25	Tirol	W von Telfs	47·3	11·0	5°	
16. 2.	2 10	Steiermark	Hieflau	47·6	14·7	5·5°	Nb. am 28. 2.
19. 2.	22 11	Burgenland	Breitenbrunn	47·9	16·7	6·5°	
23. 2.	20 49	Niederösterr.	Mitterndorf a. d. Fischa	48·0	16·5	4·5°	mit Nb.
29. 2.	0 05	Niederösterr.	Hinterbrühl	48·1	16·2	4°	
29. 2.	2 (10)	Salzburg	Krimml	47·2	12·2	4°	
2. 5.	22 30	Steiermark	Hieflau	47·6	14·7	4°	
12. 5.	6 09	Steiermark	Dürnstein bei Einöd	47·0	14·4	5·5°	
20. 5.	9 25	Oberösterr.	Reichraming	47·9	14·5	4°	
5. 6.	7 00	Niederösterr.	Rohr im Gebirge	47·9	15·8	5°	
17. 6.	10 54	Tirol	Stams	47·3	11·0	4°	Nb. am 23. 6. in Mieming
3. 7.	8 05	Niederösterr.	Sieding	47·7	16·0	3·5°	
10. 7.	*3 14*	*Italien*	*(Tolmezzo)*	*46·4*	*13·0*	*4·5°*	*mit Nb.*
31. 7.	*8 33*	*Italien*	*Pontebba*	*46·5*	*13·3*	*4°*	
13. 8.	22 (10)	Niederösterr.	SW von Gloggnitz	47·6	15·9	5°	
31. 8.	2 27	Steiermark	(Seckau)	47·2	14·8	5°	mit Nb.
18. 10.	7 15	Niederösterr.	Kirchberg a. Wechsel	47·6	16·0	4°	
25. 10.	23 07	Tirol	SW von Imst	47·2	10·7	5°	

Datum	MEZ h m	Land	Herdgebiet	φ°	λ°	Max.-Int. Merc.-S.	Bemerkungen
20. 11.	*5 04*	*Jugoslawien*	*Cilli*	*46·2*	*15·3*	*4°*	*mit Vb.*
29. 11.	6 05	Niederösterr.	Kirchberg a. Walde	48·7	15·1	4°	
2. 12.	1 15	Niederösterr.	Maria Schutz a. Semmering	47·6	15·9	5°	
18. 12.	6 06	Tirol	Matrei in Osttirol	47·0	12·5	5·5°	
			1909				
13. 1.	*1 46*	*Italien*	*Ferrara*	*44·9*	*11·7*	*4·5°*	*mit Vb.*
14. 1.	1 (40)	Salzburg	Salzburg	47·8	13·0	5°	
14. 1.	23 (00)	Steiermark	Mureck	46·7	15·8	4°	Nb. am 15. 1.
16. 2.	2 58	Steiermark	Unzmarkt	47·2	14·4	4°	
26. 2.	11 02	Steiermark	Leoben	47·4	15·1	5·5°	mit Nb.
26. 2.	14 55	Niederösterr.	Schottwien	47·6	15·9	3·5°	Nb. am 10. 3. in Reichenau
31. 3.	20 30	Niederösterr.	(Laimbach b. Pöggstall)	48·3	15·1	(3·5°)	
12. 5.	3 10	Tirol	E von Jerzens, Pitztal	47·2	10·8	5°	
15. 5.	20 (46)	Tirol	S von Hinterthiersee	47·6	12·1	4·5°	
28. 5.	5 21	Steiermark	Leoben-Judendorf	47·4	15·1	5·5°	Vb. am 26. 5.
29. 5.	11 24	Steiermark	Leoben	47·4	15·1	5°	
1. 6.	21 05	Steiermark	Leoben	47·4	15·1	5°	
2. 9.	5 52	Niederösterr.	W von Gloggnitz	47·7	15·9	5°	
6. 9.	12 21	Niederösterr.	Gloggnitz	47·7	15·9	5·5°	mit Nb.
14. 9.	19 (20)	Tirol	Kematen	47·3	11·3	4°	
16. 9.	22 12	Niederösterr.	N von Gloggnitz	47·7	15·9	5°	
22. 9.	17 25	Salzburg	bei Bischofshofen	47·4	13·2	5·5°	
8. 10.	*10 59*	*Jugoslawien*	*Kulpatal, S von Agram*	—	—	*5°*	
10. 10.	*6 37* *6 55*	*Jugoslawien*	*Kulpatal*	—	—	*3·5°*	
18. 10.	19 02	Steiermark	Hieflau	47·6	14·7	4·5°	
19. 10.	20 30	Oberösterr.	Ischl	47·7	13·6	4°	
19. 12.	15 49	Steiermark	Judenburg	47·2	14·7	4·5°	mit Vb. u. Nb.
31. 12.	17 40	Tirol	oberstes Stubaital	47·0	11·2	4·5°	
			1910				
5. 1.	21 58	Kärnten	Metnitz	47·0	14·2	5°	
29. 1.	*0 58* *1 12*	*Jugoslawien*	*Petrinja a. d. Kulpa*	*45·4*	*16·3*	*5°*	
30. 1.	1 57	Tirol	W v. Matrei a. Brenner	47·2	11·5	4·5°	
7. 2.	7 39	Niederösterr.	Schottwien	47·6	15·9	5°	Nb. in Sieding
17. 2.	2 15	Oberösterr.	Hinterstoder	47·6	14·2	5°	
17. 2.	4 40	Tirol	Völs b. Innsbruck	47·2	11·3	4·5°	Nb. in Götzens
16. 3.	4 (30)	Steiermark	N von Mautern	47·4	14·8	4·5°	mit Vb.

Datum	MEZ h m	Land	Herdgebiet	φ°	λ°	Max.-Int. Merc.-S.	Bemerkungen
16. 3.	19 09	Niederösterr.	Sieding	47·7	16·0	4°	
24. 3.	15 37	Steiermark	Oberwölz	47·2	14·3	6·5°	Nb. bis 9. 4.
9. 4.	15 18	Steiermark	(Oberwölz)	47·2	14·3	4·5°	Nb. am 9. u. 10. 4.
23. 4.	4 20	Steiermark	Veitsch	47·6	15·5	4°	
28. 4.	3 13	Steiermark	Teufenbach	47·1	14·4	4·5°	
28. 4.	13 13	Steiermark	St. Lambrecht	47·1	14·3	4·5°	
11. 5.	21 18	Niederösterr.	Sieding, Bez. Neunkirchen	47·7	16·0	6·5°	Nb. bis 12. 5. 3h
1. 6.	7 57	Steiermark	Murau	47·1	14·2	4°	mit Vb. u. Nb.
10. 6.	15 32	Kärnten	N von Metnitz	47·0	14·2	4·5°	
13. 7.	9 32	Tirol	Nassereith-Silz	47·3	10·9	7°	mit Nb.
8. 8.	5 41	Vorarlberg	Klösterle	47·1	10·1	3°	
17. 8.	23 08	Tirol	N von Mieming	47·3	11·0	4°	
21. 8.	22 45	Tirol	W von Grins	47·2	10·5	4·5°	
15. 9.	17 55	Tirol	Nassereith-Fernpaß	47·4	10·8	5°	mit Vb. u. Nb.
19. 11.	*12 20*	*Bayern*	*Reichenhall*	*47·7*	*12·9*	*3·5°*	
			1911				
8. 2.	*3 54*	*Italien*	*(Pontebba)*	*46·5*	*13·3*	*4°*	
13. 2.	0 45	Steiermark	bei Unzmarkt	47·2	14·4	5°	
24. 3.	17 32	Niederösterr.	Sieding	47·7	16·0	4°	
13. 4.	6 28	Steiermark	Mitterndorf bei Aussee	47·6	13·9	4°	
24. 4.	18 19	Tirol	Pettneu a. Arlberg	47·2	10·3	6°	
7. 5.	2 38	Tirol	Telfs, Mieminger Gebirge	47·3	11·0	5°	
24. 5.	2 09	Oberösterr.	St. Wolfgang	47·7	13·4	4°	
14. 6.	23 29	Steiermark	Teufenbach	47·1	14·4	5°	mit Nb.
23. 6.	3 30	Kärnten	Unterloibl	46·5	14·3	4°	
3. 7.	18 17	Steiermark	S von St. Lambrecht	47·1	14·3	5°	mit Nb.
18. 7.	21 24	Tirol	Weerberg	47·3	11·7	5°	
12. 8.	0 10	Kärnten	S von Viktring	46·6	14·3	4·5°	mit Nb.
12. 9.	2 20	Kärnten	Kappel a. d. Drau	46·5	14·2	4°	
29. 9.	6 31	Kärnten	Eisenkappel	46·5	14·6	4°	Nb. am 9. 10.
11. 11.	19 09	Tirol	Kalkstein, Osttirol, b. Innervillgraten	46·8	12·3	5·5°	mit Vb.
16. 11.	*22 26*	*Württemberg*	*Rauhe Alb*	—	—	*6°*	*mit Vb.*
			1912				
22. 1.	21 08	Steiermark	Frohnleiten	47·3	15·3	6°	
6. 2.	6 15	Steiermark	St. Lambrecht	47·1	14·3	4·5°	mit Nb.
28. 2.	*0 22*	*Jugoslawien*	*Neumarktl*	*46·4*	*14·3*	*4·5°*	
10. 5.	0 03	Tirol	Innsbruck-Hötting	47·3	11·4	5·5°	mit Nb.

Datum	MEZ h m	Land	Herdgebiet	φ°	λ°	Max.-Int. Merc.-S.	Bemerkungen
22. 5.	3 (25)	Niederösterr.	Sieding-Stixenstein	47·7	16·0	3·5°	
6. 6.	19 (45)	Niederösterr.	Ottertal	47·6	16·0	4°	
15. 6.	3 (00)	Oberösterr.	Arnreith, Mühlviertel	48·5	14·0	4·5°	
28. 9.	10 15	Niederösterr.	Neunkirchen	47·7	16·2	4°	
30. 9.	7 22	Niederösterr.	Neunkirchen	47·7	16·2	4°	
20. 10.	21 (15)	Steiermark	S von Seiz, Liesingtal	47·4	14·9	4°	
3. 11.	20 (42)	Steiermark	Teufenbach	47·1	14·4	4°	
26. 12.	18 57	Steiermark	W von Leoben	47·4	15·1	4°	
			1913				
28. 2.	6 40	Tirol	Rum bei Hall	47·3	11·4	4°	
12. 3.	14 41	Tirol	Kematen	47·3	11·3	5°	
20. 3.	20 16	Tirol	St. Ulrich a. Pillersee	47·5	12·6	3·5°	
15. 5.	{0 31 / 0 34	Tirol	Thaur bei Innsbruck	47·3	11·4	3·5°	
18. 5.	2 (30)	Oberösterr.	bei Hörsching	48·2	14·2	4°	
18. 5.	15 19	Salzburg	St. Martin bei Hüttau	47·5	13·4	5°	
20. 5.	*17 15*	*Jugoslawien*	△ *Schneeberg, N von Fiume*	*45·6*	*14·5*	*3·5°*	
21. 5.	8 27	Tirol	Fritzens-Wattens	47·3	11·6	5°	
22. 7.	*13 07*	*Württemberg*	*Rauhe Alb*	—	—	*4·5°*	
24. 8.	16 25	Tirol	Tux	47·1	11·7	5°	
20. 9.	4 46	Tirol	Neustift im Stubai	47·1	11·3	4·5°	
17. 10.	22 32	Salzburg	St. Margarethen, Lungau	47·1	13·7	4°	mit Nb.
5. 11.	1 (36)	Tirol	Brixlegg	47·4	11·9	5°	
15. 12.	1 30	Oberösterr.	Hinterstoder	47·6	14·2	4°	Nb. am 17. 12.
			1914				
2. 1.	21 36	Tirol	Aldrans b. Innsbruck	47·2	11·4	4°	mit Nb.
4. 1.	13 51	Tirol	Obsteig, Mieminger Gebirge	47·3	10·9	4·5°	
14. 3.	11 (20)	Oberösterr.	S von Julbach, Mühlviertel	48·7	13·9	3·5°	Nb. am 26. 3. in Kollerschlag
18. 4.	*6 15*	*ČSR*	*Modern bei Preßburg*	*48·3*	*17·3*	*3°*	
12. 7.	20 (55)	Vorarlberg	Bürs bei Bludenz	47·2	9·8	4°	
16. 7.	3 08	Tirol	Kufstein	47·6	12·2	4°	Nb. am 30. 7.
19. 7.	13 33	Tirol	Elbingenalb, ob. Lechtal	47·3	10·4	4·5°	
21. 7.	16 49	Steiermark	Oberzeiring, Bez. Judenburg	47·2	14·5	4°	
16. 8.	8 45	Tirol	Hinterhornbach, oberes Lechtal	47·4	10·4	4°	
30. 8.	12 22	Vorarlberg	Götzis-Klaus	47·3	9·6	6°	mehrere Nb.

Datum	MEZ h m	Land	Herdgebiet	φ°	λ°	Max.-Int. Merc.-S.	Bemerkungen
31. 8.	14 26	Tirol	Salzberg bei Hall	47·3	11·5	6·5°	mehrere Nb. bis 12. 9.
6. 9.	7 16	Tirol	Halltal	47·4	11·5	5°	
19. 9.	18 36	Vorarlberg	Altach, Rheintal	47·4	9·6	4°	Vb. am 14. 9.
1. 10.	*21 31*	*Bayern*	*Eichstätt, fränk. Jura*	*48·9*	*11·2*	*(4°)*	
4. 10.	16 50	Steiermark	Frauendorf b. Unzmarkt	47·2	14·4	4°	
15. 10.	5 (15)	Salzburg	Ebenau, △ Gaisberg	47·8	13·2	4·5°	
27. 10.	*10 22*	*Italien*	*Provinz Lucca*	*(43·8)*	*(10·4)*	*4°*	
14. 11.	18 24	Steiermark	Scharsdorf b. Trofaiach	47·4	15·0	5°	
14. 11.	21 50	Tirol	S von Ötz	47·2	10·9	3·5°	
29. 11.	18 10	Tirol	E von Innsbruck	47·3	11·4	4·5°	
30. 11.	20 43	Tirol	Innsbruck	47·3	11·4	5·5°	mit Nb.
1. 12.	20 16	Steiermark	(Mürzzuschlag)	47·6	15·7	4°	Nb. am 2. 12.
23. 12.	4 45	Vorarlberg	Hohenems	47·4	9·7	4°	
			1915				
5. 1.	21 19	Tirol	Aldrans	47·2	11·4	3°	
7. 1.	2 52	Oberösterr.	Ebensee, Höllengebirge	47·8	13·8	3°	
14. 1.	9 50	Oberösterr.	Raab im Innkreis	48·4	13·6	3°	Nb. am 16. 1.
23. 2.	17 43	Tirol	Innsbruck-Ost	47·3	11·4	3·5°	
15. 3.	*22 56*	*Jugoslawien*	*△ Schneeberg, N von Fiume*	*45·6*	*14·5*	*4°*	
17. 4.	14 05	Niederösterr.	Gloggnitz	47·7	15·9	4·5°	
20. 4.	11 (00)	Steiermark	Teufenbach	47·1	14·4	5°	
20. 4.	11 21	Tirol	E von Stams	47·3	11·0	3·5°	
2. 6.	*3 33*	*Bayern*	*Eichstätt, Altmühljura*	*48·9*	*11·2*	*5°*	
5. 6.	16 08	Vorarlberg	Röthis, Rheintal	47·3	9·6	5°	Nb. am 6. u. 7. 6.
20. 6.	20 39	Vorarlberg	Götzis	47·3	9·6	4·5°	Vb. am 20. 6. 20^h
16. 8.	17 54	Tirol	Landl bei Kufstein	47·6	12·0	5°	mit Vb. u. Nb.
24. 9.	16 12	Tirol	Piller, E von Landeck	47·1	10·7	3·5°	
7. 10.	1 58	Niederösterr.	Wiener Neustadt	47·8	16·2	4°	
10. 10.	*4 50*	*Bayern*	*Eichstätt*	*48·9*	*11·2*	*4·5°*	
26. 12.	*22 36*	*Italien*	*Brenner*	*47·0*	*11·5*	*4·5°*	
30. 12.	0 30	Steiermark	St. Lambrecht	47·1	14·3	(3·5°)	mit Nb.
31. 12.	22 08	Tirol	Namlos	47·4	10·7	4·5°	mit Nb.
			1916				
21. 1.	10 35	Tirol	Kematen	47·2	11·3	3·5°	
8. 2.	*3 33*	*Jugoslawien*	*bei Laibach*	*46·0*	*14·5*	*(4°)*	
23. 2.	5 45	Steiermark	Murau	47·1	14·2	4·5°	
12. 3.	*4 24*	*Jugoslawien*	*N von Zengg, dalmat. Küste*	*45·0*	*14·9*	*(4·5°)*	

Datum	MEZ h m	Land	Herdgebiet	φ°	λ°	Max.-Int. Merc.-S.	Bemerkungen
28. 3.	4 20	Tirol	Innsbruck	47·3	11·4	3°	
24. 4.	2 43	Vorarlberg	Röthis	47·3	9·6	3·5°	mit Vb.
1. 5.	11 24	Steiermark	Judenburg	47·2	14·6	7°	
17. 5.	*13 50*	*Italien*	*Rimini*	*44·0*	*12·5*	*3°*	
14. 7.	*21 27*	*Jugoslawien*	*N von Zengg*	*45·0*	*14·9*	*3°*	
31. 8.	20 30	Kärnten	Viktring	46·6	14·3	(4°)	mit Vb.
22. 9.	1 02	Niederösterr.	Trumau	48·0	16·4	4·5°	mit Vb. u. Nb.
21. 11.	*0 12*	*Jugoslawien*	*W von Laibach*	*46·0*	*14·4*	*3°*	
			1917				
2. 1.	23 07	Tirol	Häring	47·5	12·1	5°	
18. 1.	*23 11*	*Italien*	*Laas, Vintschgau*	*46·6*	*10·7*	*4°*	
29. 1.	*9 23*	*Jugoslawien*	*Rann*	*45·9*	*15·6*	*(4°)*	*mit Nb.*
11. 2.	22 05	Tirol	Hall	47·3	11·5	5°	Vb. am 5. 2. 2[30] u. Nb.
2. 3.	1 23	Niederösterr.	Kirchberg am Wechsel	47·6	16·0	5°	
27. 5.	20 23	Niederösterr.	(E von Prein)	47·7	15·8	(3·5°)	
17. 6.	18 02	Tirol	Stams	47·3	11·0	4°	
21. 6.	*0 09*	*Baden*	*nordwestl. Bodensee*	*47·7*	*9·2*	*3·5°*	*mit Nb.*
15. 7.	21 50	Tirol	Rattenberg	47·4	11·9	3°	
8. 8.	3 49	Niederösterr.	Lackenhof, △ Ötscher	47·3	15·2	5°	Nb. monatelang
23. 9.	3 44	Steiermark	Pöls	47·2	14·6	(4°)	
9. 11.	22 (05)	Tirol	Vorderhornbach	47·4	10·5	4°	
9. 12.	*22 40*	*Schweiz*	*Bevers, Oberengadin*	*46·6*	*9·9*	*4°*	
30. 12.	*8 51*	*Bayern*	*Griesen b. Garmisch*	*47·5*	*11·0*	*3°*	
31. 12.	6 40	Steiermark	Bretstein, Nied. Tauern	47·3	14·4	4°	
			1918				
14. 1.	15 13	Tirol	Nassereith	47·3	10·8	5°	mit Nb.
27. 1.	20 20	Niederösterr.	Ternitz	47·7	16·0	5°	
24. 4.	*15 21*	*Italien*	*Bergamo, Lombardei*	*45·7*	*9·7*	*3°*	
5. 5.	23 40	Oberösterr.	(Aschach a. d. Donau)	48·4	14·0	4°	
15. 5.	10 30	Oberösterr.	Vorderstoder	47·7	14·2	5°	
9. 7.	4 (00)	Niederösterr.	Lackenhof	47·9	15·2	3·5°	
13. 8.	*21 01*	*Jugoslawien*	*Krain, Idria ?*	*(46·0)*	*(14·0)*	*(3°)*	
17. 9.	3 11	Steiermark	Aigen i. Ennstal	47·5	14·1	5·5°	
26. 9.	*1 17*	*Bayern*	*Einödsbach, Allgäu*	*47·3*	*10·3*	*5°*	*mit Vb. u. Nb.*
10. 10.	23 08	Steiermark	Aigen im Ennstal	47·5	14·1	4·5°	
30. 10.	20 (50)	Tirol	Volderbad	47·2	11·6	4°	
6. 11.	*20 26*	*Italien*	*Friaul ?*	—	—	*(5°)*	
18. 11.	16 57	Tirol	Eben a. Achsensee	47·4	11·8	3·5°	
22. 12.	10 40	Steiermark	Aigen im Ennstal	47·5	14·1	4°	

Datum	MEZ h m	Land	Herdgebiet	φ°	λ°	Max.-Int. Merc.-S.	Bemerkungen
			1919				
28. 2.	10 36	Tirol	Volderbad	47·2	11·6	4°	
1. 6.	*21 45*	*Bayern*	*Berchtesgaden*	*47·6*	*13·0*	*4°*	
4. 6.	8 22	Tirol	Mieming	47·3	11·0	4°	
5. 9.	*21 37*	*Jugoslawien*	*östl. Untersteiermark ?*	*(46·5)*	*(16·0)*	*4·5°*	
12. 11.	5 04	Niederösterr.	SE von Baden	48·0	16·2	5°	
22. 12.	18 04	Kärnten	Viktring	46·6	14·3	5°	
			1920				
3. 1.	15 30	Steiermark	Aigen im Ennstal	47·5	14·1	5°	
5. 1.	14 50	Tirol	Namlos	47·4	10·7	4·5°	
9. 4.	18 57	Tirol	Innsbruck-Mühlau	47·3	11·4	4°	
5. 5.	*15 43*	*Italien*	*(Tolmezzo)*	*(46·4)*	*(13·0)*	*3·5°*	
13. 5.	*5 41*	*Italien*	*(Tolmezzo)*	*(46·4)*	*(13·0)*	*3°*	
22. 5.	4 26	Steiermark	Aigen im Ennstal	47·5	14·1	(5°)	
1. 9.	— —	Oberösterr.	Klaus, Steyrling, Kirchdorf	47·8	14·2	3·5°	
8. 9.	— —						
9. 9.	— —						
11. 9.	— —						
27. 9.	*12 03*	*Bayern*	*Reichenhall*	*47·7*	*12·9*	*3°*	
22. 10.	22 35	Tirol	Hinterriß, Karwendelgebirge	47·5	11·5	4·5°	
15. 11.	4 55	Tirol	Innsbruck-West	47·3	11·4	4°	
21. 11.	23 (50)	Tirol	Virgen in Osttirol	47·0	12·4	4°	
3. 12.	*10 32*	*Bayern*	*Einödsbach, Allgäu*	*47·3*	*10·3*	*4°*	*mit Nb.*
12. 12.	4 10	Tirol	Hall in Tirol	47·3	11·5	5°	
22. 12.	23 14	Niederösterr.	Kirchberg am Wechsel	47·6	16·0	6°	
			1921				
23. 1.	20 37	Tirol	Brixlegg	47·4	11·9	4·5°	
27. 1.	4 45	Niederösterr.	Emmersdorf a. d. D.	48·2	15·3	4·5°	
6. 4.	21 33	Tirol	Stams	47·3	11·0	4°	
23. 4.	20 (30)	Steiermark	Kapellen a. d. Mürz	47·6	15·6	4°	Nb. am 24. 4. um 23^h
2. 5.	3 24	Tirol	Silz	47·3	10·9	4°	
8. 5.	23 (15)	Salzburg	Mauterndorf	47·1	13·7	4°	
11. 5.	1 59	Steiermark	Rax, steirische Seite	47·7	15·7	4·5°	
23. 5.	*7 17* *7 24*	*Schweiz*	*Graubünden*	—	—	*4°*	*Nb. am 24. 5. 3^{52}*
28. 7.	3 35	Tirol	St. Ulrich a. Pillersee	47·5	12·6	5·5°	Stöße bis 7^h

Datum	MEZ h m	Land	Herdgebiet	φ°	λ°	Max.-Int. Merc.-S.	Bemerkungen
4. 8.	7 50	Tirol	Bschlabs, Lechtaler Alpen	47·3	10·6	5°	
10. 9.	0 14	Niederösterr.	Weißenbach b. Gloggnitz	47·7	15·9	5°	
24. 10.	3 06	Tirol	St. Ulrich a. Pillersee	47·5	12·6	6·5°	Schwarmbeben 8. 10.—25. 3.22
9. 11.	20 45	Tirol	Elbingenalp, Lechtal	47·3	10·4	4°	
9. 12.	16 45	Niederösterr.	Pöggstall	48·3	15·2	4·5°	
13. 12.	7 30	Salzburg	Stuhlfelden b. Mittersill	47·3	12·6	(5·5°)	
			1922				
29. 1.	8 (45)	Niederösterr.	östl. Umgebung von Gloggnitz	47·7	16·0	4°	
10. 2.	2 30	Kärnten	E von Klagenfurt	46·6	14·4	(4·5°)	Nb. am 17. um 2[47]
18. 3.	12 03	Tirol	Nassereith	47·3	10·8	(4°)	
27. 3.	18 46	Tirol	Sölden im Ötztal	47·0	11·0	(3·5°)	
5. 5.	1 (05)	Oberösterr.	Maria Laah, NW von Steyr	48·1	14·4	5°	
30. 5.	6 51	Vorarlberg	Götzis	47·3	9·6	(4·5°)	
6. 6.	12 36	Tirol	Innsbruck-Süd	47·2	11·4	(3°)	Nb. am 9. um 5[47]
15. 7.	21 (34)	Kärnten	Eisenkappel	46·5	14·6	(4°)	
9. 8.	10 56 11 13 11 36	Tirol	(W von Innsbruck)	47·3	11·4	(4·5°)	
4. 9.	13 (10)	Vorarlberg	Götzis	47·3	9·6	(5°)	
9. 10.	13 56	Kärnten	Klagenfurt	46·6	14·3	(3·5°)	
19. 11.	12 08	Steiermark	(Fohnsdorf)	47·2	14·7	(5°)	mit Vb.
6. 12.	5 (15)	Steiermark	Veitsch	47·6	15·5	(4°)	
17. 12.	21 50	Tirol	(Rotholz)	47·4	11·8	(4°)	mit Nb.
			1923				
6. 1.	21 (45)	Tirol	(Untertilliach) Osttirol	46·7	12·7	(4°)	
13. 2.	18 53	Tirol	SE von Innsbruck	47·3	11·4	(4°)	
21. 2.	11 (25)	Steiermark	Oberzeiring	47·2	14·5	(4°)	
16. 5.	3 (10)	Oberösterr.	Hinterstoder	47·7	14·2	(3°)	
4. 6.	20 46	Niederösterr.	Grafenbach bei Pottschach	47·7	16·0	4°	
12. 6. 14. 6. 17. 6.	— — — — — —	Tirol	St. Ulrich a. Pillersee	47·5	12·6	(5°)	Nb. am 2. 9.
10. 7.	19 31	Steiermark	SE von Wartberg, Fischbacher Alpen	47·5	15·5	5°	mit Vb.
22. 7.	*4 58*	*Italien*	*(Karnische Alpen)*	—	—	*4°*	
28. 8.	7 53	Tirol	W von Schwaz	47·4	11·7	(4°)	
6. 10.	17 (45)	Steiermark	Krieglach	47·5	15·6	(4°)	

Datum	MEZ h m	Land	Herdgebiet	φ°	λ°	Max.-Int. Merc.-S.	Bemerkungen
17. 11.	13 45	Niederösterr.	Lanzenkirchen, Rosaliengebirge	47·7	16·2	4·5°	
28. 11.	7 07	Salzburg	westl. Umgebung von Tamsweg	47·1	13·8	6°	Vb. 27. 11., Nb. bis 3. 12.
23. 12.	*13 34*	*Schweiz*	*Unterengadin*	—	—	*3·5°*	
			1924				
3. 1.	15 36	Steiermark	Wald, Bezirk Leoben	47·4	14·7	(5·5°)	
2. 2.	8 33	Niederösterr.	Warth, Pittental	47·7	16·1	5°	
13. 2.	8 55	Steiermark	(Veitsch) Mürztal	47·6	15·5	(5°)	
22. 3.	0 26	Steiermark	Mautern	47·4	14·8	(3°)	
26. 3.	*18 08*	*Italien*	*Seebecken von Sterzing*	*46·9*	*11·4*	*6°*	*mit Nb.*
15. 4.	*13 49*	*Schweiz*	*Vips, Wallis*	*46·3*	*8·1*	*3°*	
12. 5.	*9 46*	*Italien*	*Ampezzo*	*46·4*	*12·8*	*5°*	*Vb. ?*
21. 5.	*16 32*	*Schweiz*	*Sta. Maria, Münstertal*	*46·6*	*10·4*	*3·5°*	
23. 11.	3 (20)	Tirol	Fulpmes, Stubaital	47·2	11·4	3°	
2. 12.	21 02	Steiermark	Irdning, Ennstal	47·5	14·1	4°	mit Vb. u. Nb.
3. 12.	*22 35*	*Jugoslawien*	*Rann*	*45·9*	*15·6*	(*4°*)	
10. 12.	14 20	Salzburg	Ramingstein, Lungau	47·1	13·8	4°	mit Vb. u. Nb.
11. 12.	*17 33*	*Württemberg*	*Schwäbische Alb*	—	—	*3·5°*	*2. Beben am 12. 12. um* 8^{21}
11. 12.	22 (50)	Steiermark	Liezen, Ennstal	47·6	14·2	4°	
12. 12.	*4 29*	*Italien*	*Tolmein*	*46·2*	*13·7*	*5·5°*	
25. 12.	21 15	Kärnten	Zollfeld, NW von Klagenfurt	46·7	14·3	4°	
			1925				
12. 1.	1 55	Steiermark	Trofaiach	47·4	15·0	4°	
31. 1.	14 28	Salzburg	Ramingstein, Lungau	47·1	13·8	4·5°	mit Vb. u. Nb.
9. 6.	1 37	Steiermark	NW v. Bruck a. d. Mur	47·4	15·3	5·5°	mit Vb. u. Nb.
17. 7.	5 30	Niederösterr.	Semmering, Adlitzgr.	47·6	15·8	4·5°	
18. 10.	23 (15)	Niederösterr.	Pottschach	47·7	16·0	4°	
17. 11.	20 07	Niederösterr.	Semmering, Adlitzgr.	47·6	15·8	5°	
23. 11.	7 27	Tirol	Jochberg, Kitzbühl. Alpen	47·4	12·4	5°	
			1926				
1. 1.	*19 04*	*Jugoslawien*	*Cerkničko jezero=Zirknitz*	*45·8*	*14·4*	*5°*	
20. 2.	5 32	Steiermark	Nördl. Umgebung von Bruck a. d. Mur	47·4	15·3	(5°)	

Datum	MEZ h m	Land	Herdgebiet	φ°	λ°	Max.-Int. Merc.-S.	Bemerkungen
26. 3.	22 46	Tirol	(Wattens)	47·3	11·6	4°	
28. 6.	*23 00*	*Baden*	*Kaiserstuhl*	*48·1*	*7·7*	*3°*	
6. 7.	8 39	Steiermark	Mürzzuschlag	47·6	15·7	6·5°	Nb. am 6., 8., 11. 7.
23. 7.	5 33	Tirol	Obertilliach, Bez. Lienz	46·7	12·6	5°	Vb. am 21. 7.
26. 7.	8 00	Tirol	Kössen	47·7	12·4	5°	
28. 9.	16 42	Niederösterr.	Ternitz-Dunkelstein	47·7	16·0	6·5°	Nb. am 28. u. 29. 9.
28. 9.	*22 31*	*Italien*	*(Karnische Alpen)*	—	—	*4°*	
30. 9.	10 44	Niederösterr.	St. Johann a. Steinfeld	47·7	16·0	5°	Nb. am 1. 10.
9. 10.	21 24	Niederösterr.	Unt. Höflein, Willendorfer Bucht	47·8	16·0	5°	Nb. am 2. 11. um 8h
			1927				
18. 1.	23 26	Kärnten	Mallnitz	47·0	13·2	4°	
14. 2.	*4 43*	*Jugoslawien*	*S v. Mostar, Herzegowina*	*43·2*	*17·8*	*3°*	
19. 2.	19 45	Tirol	Ehrwald-Leermoos	47·4	10·9	4°	
20. 2.	*7 48*	*Jugoslawien*	*Legrad a. d. Drau*	*46·3*	*16·8*	(*3°*)	
6. 3.	14 30	Tirol	Namlos	47·4	10·7	4°	Nb. am 17. 3.
5. 4.	*15 25*	*Jugoslawien*	*Koprivnica, unt. Drautal*	*46·2*	*16·8*	*4·5°*	
19. 5.	18 45	Tirol	(Jenbach)	47·4	11·8	4°	
25. 7.	21 35	Steiermark	Wartberg, Mürztal	47·5	15·5	6·5°	Nb. am 26. 7. um 13h
13. 8.	*1 58*	*Schweiz*	*St. Moritz, Engadin*	*46·5*	*9·8*	*3·5°*	
8. 10.	20 49	Niederösterr.	Schwadorf	48·1	16·6	7·5°	Nb. am 8.—10. u. 13. 10.
13. 10.	5 28	Niederösterr.	Prein a. d. Rax	47·7	15·8	5°	
18. 10.	2 07	Niederösterr.	Schwadorf	48·1	16·6	5°	Nb. am 18. 10. um 4h56
6. 11.	2 01	Niederösterr.	Aspang	47·6	16·1	4°	
10. 11.	6 03	Niederösterr.	Klein-Pöchlarn	48·2	15·2	3·5°	
10. 11.	9 36	Steiermark	Kindberg	47·5	15·4	4°	
3. 12.	2 (15)	Niederösterr.	Asperhofen bei Sieghartskirchen	48·2	15·9	3°	
30. 12.	23 53	Niederösterr.	Wiener Neustadt	47·8	16·2	4°	Nb. am 31. 12.
			1928				
23. 1.	{15 31 15 48	Niederösterr.	Schwadorf	48·1	16·6	4°	Vb. am 5. u. 19. 1., Nb. am 24. 1.
25. 1.	21 11	Niederösterr.	Schwadorf	48·1	16·6	5°	viele Nb. bis 18. 2.

Datum	MEZ h m	Land	Herdgebiet	φ°	λ°	Max.-Int. Merc.-S.	Bemerkungen
31. 1.	22 59	Niederösterr.	Hirschwang	47·7	15·8	5·5°	Nb. 1h später
2. 2.	3 15	Oberösterr.	Hallstatt	47·6	13·6	4·5°	
7. 2.	5 52	Tirol	Maurach am Achensee	47·4	11·8	5°	
14. 2.	23 45	Tirol	Serfaus, Oberinntal	47·0	10·6	3·5°	
15. 2.	16 16	Salzburg	Paß Lueg bei Golling	47·6	13·2	4·5°	
26. 3.	*15 40*	*Italien*	*Tolmezzo*	*46·4*	*13·0*	*4·5°*	
27. 3.	*9 33*	*Italien*	*Tolmezzo*	*46·4*	*13·0*	*5°*	
2. 4.	11 58	Niederösterr.	Erlach, Pittental	47·7	16·2	4°	
20. 4.	3 38	Niederösterr.	Schwadorf	48·1	16·6	3·5°	
8. 5.	23 42	Niederösterr.	S von Schwadorf	48·1	16·6	4·5°	
28. 5.	12 40	Oberösterr.	Raab im Innviertel	48·4	13·6	4·5°	Nb. bis 1. 6.
27. 6.	*0 26*	*Italien*	*Karnische Alpen*	—	—	*4°*	
16. 11.	*4 17*	*Italien*	*Cavasso, Friaul*	*46·2*	*12·8*	*3°*	
11. 12.	*{12 11 / 12 15*	*Ungarn*	*Nagycenk bei Sopron*	*47·6*	*16·7*	*4·5°*	
			1929				
15. 2.	0 50	Niederösterr.	Mühldorf, N v. Jauerling	48·4	15·4	4·5°	
19. 2.	0 30	Steiermark	Spital am Semmering	47·6	15·8	4°	
27. 2.	*18 21*	*Schweiz*	*Herisau, Ostschweiz*	*47·4*	*9·3*	(*3°*)	
30. 3.	20 45	Niederösterr.	Schwadorf	48·1	16·6	4°	Vb. am 30. 3. um 6h
31. 3.	4 06	Niederösterr.	Schwadorf	48·1	16·6	4°	Nb. um 8¹⁸
8. 5.	17 05	Niederösterr.	Götzendorf	48·0	16·6	3·5°	Nb. am 10. 5.
15. 6.	12 05	Tirol	Häselgehr	47·3	10·5	3·5°	
1. 8.	16 25	Niederösterr.	Breitenstein am Semmering	47·7	15·8	3°	
31. 8.	1 45	Niederösterr.	Schwadorf	48·1	16·6	3·5°	
2. 9.	*6 52*	*Jugoslawien*	*Neumarktl, Loiblpaß*	*46·4*	*14·3*	*6°*	
3. 9.	23 50	Oberösterr.	Hanging b. Kollerschlag, Mühlviertel	48·6	13·8	4·5°	
8. 9.	20 31	Niederösterr.	Schwadorf	48·1	16·6	3·5°	
12. 10.	*7 08*	*Schweiz*	*Ofenpaß*	*46·6*	*10·3*	(*4°*)	
15. 10.	20 42	Niederösterr.	Krumbach, Bucklige Welt	47·5	16·2	3·5°	
19. 11.	1 (30)	Oberösterr.	Reichersberg am Inn	48·3	13·4	3°	
			1930				
25. 2.	*14 36*	*Jugoslawien*	*Idria-Oberlaibach*	—	—	*3·5°*	
6. 3.	*0 56*	*ČSR*	*Dobravoda, Kleine Karpaten*	*48·6*	*17·4*	*4·5°*	
28. 3.	2 06	Oberösterr.	Linz	48·3	14·3	3°	

Datum	MEZ h m	Land	Herdgebiet	φ°	λ°	Max.-Int. Merc.-S.	Bemerkungen
14. 5.	*1 01*	*Italien*	*Auronzo*	*46·6*	*12·4*	*6°*	
18. 5.	5 14	Salzburg	St. Martin b. Hüttau	47·5	13·4	–6°	
23. 7.	*1 08*	*Italien*	*Melfi, Mittelitalien*	*41·0*	*15·7*	*2·5°*	
26. 7.	12 47	Salzburg	E von Hüttau	47·4	13·4	4·5°	
31. 7.	2 38	Niederösterr.	Schottwien-Adlitzgr.	47·7	15·9	5°	
10. 8.	23 (45)	Oberösterr.	(Vorchdorf, S von Lambach)	48·1	13·9	(4°)	
16. 8.	4 19	Niederösterr.	Eichberg a. Semmering	47·6	15·8	4°	
19. 8.	22 49	Steiermark	Veitsch	47·6	15·5	4°	
5. 9.	*23 36*	*Italien*	*Friaul*	—	—	*3°*	
8. 10.	0 27	Tirol	Namlos	47·4	10·7	–7°	Nb. um 1^{29} u. 1^{50}
19. 11.	11 49	Burgenland	Neudörfl, Rosaliengeb.	47·8	16·3	3·5°	
22. 11.	2 40	Tirol	Obertilliach, Lessachtal	46·7	12·6	4°	Vb. am 21. 11.
1. 12.	10 22	Niederösterr.	Götzendorf	48·0	16·6	4°	
31. 12.	4 23	Niederösterr.	Enzersdorf a. d. Fischa	48·1	16·6	3°	
			1931				
1. 1.	5 27	Niederösterr.	Weißenbach a. d. Triest.	48·0	16·0	5·5°	mit Vb.
22. 1.	*3 54*	*Jugoslawien*	*Schwarzenbach, Mießtal*	*46·5*	*14·8*	*5°*	*Nb. um 9^{15}*
14. 2.	17 50	Niederösterr.	Kleinneusiedl, untere Fischa	48·1	16·6	4·5°	
14. 2.	22 10	Steiermark	Leoben-Nord	47·4	15·1	4°	
28. 2.	4 15	Niederösterr.	St. Valentin-Landschach bei Gloggnitz	47·7	16·0	4°	Vb. am 27. 2.
23. 3.	2 23	Tirol	NE von Häselgehr	47·3	10·5	4°	(Nb. am 12. 4.)
14. 4.	22 50	Salzburg	Badgastein	47·1	13·1	4°	
11. 5.	1 26	Steiermark	Kindberg	47·5	15·5	4·5°	Nb. um 2^{55}
22. 5.	8 19	Tirol	Namlos	47·4	10·7	4°	
24. 5.	21 05	Tirol	Namlos	47·4	10·7	4·5°	viele Nb. bis 29. 6.
30. 9.	0 28	Niederösterr.	Seebenstein, Pittental	47·7	16·1	4·5°	
9. 10.	6 28	Niederösterr.	Sautern, Pittental	47·7	16·2	5°	
28. 11.	*2 06*	*Schweiz*	*St. Moritz, Engadin*	*46·5*	*9·8*	(*4°*)	
25. 12.	*12 41*	*Italien*	*Oberer Tagliamento*	—	—	(*4°*)	
			1932				
5. 6.	12 20	Niederösterr.	Semmering	47·6	15·8	?	Keine Meldungen vorhanden, in Wien registriert.
29. 7.	18 55	Kärnten	Feistritz im Rosental	46·5	14·2	4·5°	
24. 8.	1 50	Niederösterr.	Gloggnitz	47·7	15·9	4°	
26. 8.	10 58	Kärnten	Viktring	46·6	14·3	5°	
21. 10.	19 43	Salzburg	Leogang	47·4	12·8	5·5°	

Datum	MEZ h m	Land	Herdgebiet	φ°	λ°	Max.-Int. Merc.-S.	Bemerkungen
15. 11.	17 28	Steiermark	Unzmarkt	47·2	14·4	5·5°	mit Vb. u. Nb.
23. 12.	12 07	Niederösterr.	Kautzen, Bezirk Waidhofen a. d. Thaya	48·9	15·2	4·5°	mehrere Nb.
			1933				
2. 2.	0 25	Oberösterr.	Linz-Pöstlingberg	48·3	14·2	4°	
29. 3.	8 41	Tirol	Elmen, ob. Lechtal	47·3	10·6	5°	Nb. am 29. 3. um 9^{31} u. bis 3. 4.
23. 4.	21 27	Tirol	WSW v. Zell a. Ziller	47·2	11·9	4·5°	
22. 5.	13 33	Tirol	Elmen	47·3	10·6	4°	Nb. am 22. u. 23. 5.
24. 7.	10 41	Kärnten	E von Eisenkappel	46·5	14·6	5·5°	
27. 8.	2 35	Niederösterr.	Blumau bei Felixdorf	47·9	16·3	3·5°	Nb. nach 80^{m}
3. 10.	21 56	Steiermark	Passail, SW v. Birkfeld	47·3	15·5	4·5°	
11. 10.	13 11	Steiermark	W von Birkfeld	47·4	15·7	3·5°	
12. 10.	22 (00)	Kärnten	Villacheralpe	46·6	13·8	(3·5°)	
8. 11.	1 51	Tirol	Namlos	47·4	10·7	6°	Nb. am 9. 11. um 18^{20} u. a. m.
19. 12.	21 41	Tirol	Lans bei Innsbruck	47·2	11·4	5°	
27. 12.	*5 44*	*Italien*	*(bei Belluno)*	—	—	*3°*	
			1934				
14. 1.	0 20	Burgenland	Hornstein, Leithageb.	47·9	16·4	4·5°	mit Vb. u. Nb.
12. 2.	23 40	Salzburg	Krimml	47·2	12·2	4°	Vb. am 31. 1.
24. 3.	19 34	Kärnten	St. Leonhard, S von Villach	46·6	13·8	4°	Vb. am 10. 3.
3. 4.	23 18	Tirol	Elmen	47·3	10·6	3°	Vb. am 22. 3.
4. 5.	*14 56*	*Italien*	*Tolmezzo*	*46·4*	*13·0*	*4·5°*	
25. 5.	23 45	Niederösterr.	Bad Fischau	47·8	16·2	4°	mit Vb. u. Nb.
8. 6.	*4 17*	*Italien*	*Cláut*	*46·3*	*12·5*	*4°*	
17. 6.	18 07	Tirol	Holzgau, ob. Lechtal	47·3	10·3	5°	
30. 6.	12 10	Tirol	Häselgehr, ob. Lechtal	47·3	10·5	3·5°	
1. 8.	3 39	Tirol	Vorderhornbach, oberes Lechtal	47·4	10·5	4°	Vb. am 25. 7., Nb. am 3. 8.
24. 8.	17 52	Kärnten	Bad Vellach	46·4	14·4	4°	
4. 9.	2 26	Tirol	Rotholz bei Jenbach	47·4	11·8	6·5°	
25. 9.	3 28	Steiermark	W von Judenburg	47·2	14·6	4°	
14. 11.	5 18	Niederösterr.	Erlach	47·7	16·2	4·5°	
15. 11.	*6 03*	*Jugoslawien*	*S von Gutenstein = Guštanj*	*46·5*	*15·0*	*3°*	
28. 11.	23 45	Oberösterr.	Hallstatt	47·6	13·6	3°	
30. 11.	*3 59*	*Italien*	*NE* von *Ancona, Adria*	*44·0*	*14·0*	*4·5°*	

Datum	MEZ h m	Land	Herdgebiet	φ°	λ°	Max.-Int. Merc.-S.	Bemerkungen
13. 12.	22 08	Steiermark	Seckau	47·3	14·8	4·5°	
28. 12.	1 43	Tirol	Telfs	47·3	11·1	3·5°	
			1935				
17. 1.	*6 46*	*Jugoslawien*	*Dalmatinische Küste*	—	—	*3°*	
23. 2.	9 43	Kärnten	S von Klagenfurt	46·6	14·3	4·5°	Vb. am 23. 2. um 6^{h}
19. 3.	6 21	Tirol	Oberperfuß	47·2	11·2	4°	
7. 5.	2 05	Tirol	St. Anton a. Arlberg	47·1	10·3	4°	Nb. am 22. 5. um 4^{03}
22. 5.	3 (50)	Tirol	Waidring, Bezirk Kitzbühel	47·6	12·6	4°	
26. 6.	0 10	Steiermark	Mürzzuschlag	47·6	15·7	3·5°	
26. 6.	5 40	Steiermark	Leibnitz	46·8	15·6	3·5°	
27. 6.	0 15	Wien	Wien, 6. u. 13. Bezirk	48·2	16·3	3°	
27. 6.	*18 20*	*Württemberg*	*Saulgau, Rauhe Alb*	*48·0*	*9·4*	*4·5°*	
28. 6.	*10 10*	*Württemberg*	*Saulgau*	*48·0*	*9·4*	*4°*	
22. 7.	0 32	Niederösterr.	Schwadorf	48·1	16·6	4·5°	Vb. am 21. 7. um 21^{03}, Nb. am 22. 7. um 1^{30}
31. 7.	12 20	Kärnten	Gailbergsattel	46·7	13·0	5°	
6. 9.	20 43	Steiermark	Niklasdorf bei Leoben	47·4	15·2	4°	
9. 10.	20 46	Oberösterr.	(St. Martin im Innkreis)	48·3	13·4	4·5°	
28. 10.	17 17	Tirol	Waidring, Kaisergeb.	47·6	12·6	3·5°	
18. 11.	7 43	Niederösterr.	Eggendorf, Leitha	47·8	16·3	4·5°	
30. 12.	{ *4 08* / *4 36*	*Baden*	△ *Hornisgrinde, nördl. Schwarzwald*	*48·6*	*8·2*	*3°*	
			1936				
8. 1.	*17 23*	*Jugoslawien*	*Hohenmauten = Muta, Drau*	*46·6*	*15·2*	*5·5°*	
4. 2.	*9 16*	*Jugoslawien*	*ESE von Laibach*	*46·0*	*14·6*	*4·5°*	
17. 2.	21 08	Steiermark	NE von Liezen	47·6	14·2	5°	
28. 2.	9 39	Steiermark	Niederwölz, Bez. Murau	47·2	14·4	4°	
15. 3.	*2 26*	*Württemberg*	*Bodensee, S von Friedrichshafen*	*47·6*	*9·5*	*4°*	
22. 4.	16 06	Tirol	Nassereith, Fernpaß	47·3	10·9	4·5°	Nb. am 22. 4. um 17^{40}
15. 5.	2 48	Tirol	Holzgau	47·3	10·3	4°	
18. 5.	14 14	Tirol	SE von Landeck	47·1	10·5	4·5°	
20. 5.	3 54	Steiermark	St. Michael	47·3	15·0	4°	Nb. am 20. 5. um 6^{20}
1. 7.	*22 32*	*Schweiz*	*Bodensee, E von Romanshorn*	*47·6*	*9·4*	*3°*	

Datum	MEZ h m	Land	Herdgebiet	φ°	λ°	Max.-Int. Merc.-S.	Bemerkungen
12. 7.	0 17	Niederösterr.	Leiben, Bez. Pöggstall	48·2	15·6	4·5°	Vb. am 6. 7. um 8^{29}
16. 8.	0 07	Niederösterr.	Ebenfurth	47·9	16·4	4°	
28. 8.	7 10	Kärnten	Gallizien, Klopeinersee	46·6	14·5	4°	
28. 8.	9 45	Oberösterr.	Prägarten, Mühlviertel	48·3	14·5	3·5°	Nb. 29. u. 30. 8.
28. 9.	3 04	Tirol	Wattens—Weer	47·3	11·6	4°	
3. 10.	16 49	Steiermark	Obdach	47·1	14·8	7·5°	zahlreiche Nb. bis 3. 11.
4. 10.	10 31	Steiermark	Obdach	47·1	14·8	4°	
5. 10.	11 09	Steiermark	Obdach	47·1	14·8	5°	
16. 10.	19 08	Niederösterr.	Reichenau	47·7	15·8	3·5°	
18. 10.	*4 10*	*Italien*	*Fiaschetti bei Sacile, Prov. Udine*	—	—	*5°*	
7. 11.	20 47	Steiermark	Thörl, NW von Kapfenberg	47·5	15·2	4°	Vb. am 6. 11. um 19^{49}
			1937				
8. 1.	10 (30)	Kärnten	St. Paul im Lavanttal	46·7	14·9	4°	Nb. am 7. 2.
13. 1.	2 04	Salzburg	(Lofer)	47·6	12·7	4°	Nb. am 17. 1. um 22^h
16. 1.	19 38	Oberösterr.	Leonstein im Steyrtal	47·9	14·2	4·5°	Nb. am 17. 1., 16^{01} i. Hinterstoder
1. 2.	7 33	Steiermark	Pöls, Bezirk Judenburg	47·2	14·6	5°	Vb. am 1. 2., 3^h, Nb. am 4. 2., 21^{18}.
3. 2.	5 01	Tirol	Ried in Tirol	47·1	10·6	4°	
16. 3.	4 59	Steiermark	Turrach, Bez. Murau	47·0	13·9	4°	
14. 4.	15 (55)	Tirol	Kufstein	47·6	12·2	3·5°	
1. 5.	2 16	Oberösterr.	Spital am Pyhrn, Bosruck	47·7	14·3	4°	
25. 5.	13 59	Steiermark	W von Bruck a. d. Mur	47·4	15·2	4°	
8. 6.	19 50	Steiermark	Veitsch	47·6	15·5	4°	
15. 6.	17 07	Niederösterr.	NW von Klamm am Semmering	47·7	15·9	4°	
24. 7.	22 11	Steiermark	Ardning im Ennstal, Bosruck	47·6	14·4	4·5°	
27. 7.	20 55	Tirol	Landeck	47·1	10·5	4°	
29. 7.	4 16	Tirol	Weißenbach bei Reutte	47·4	10·6	3·5°	
8. 9.	19 40	Steiermark	SE von Judenburg	47·2	14·7	3·5°	(Vb. am 7. 9.)
23. 9.	22 10	Oberösterr.	Traunkirchen	47·8	13·8	3°	
30. 9.	*16 32*	*Schweiz*	*E von Winterthur*	*47·5*	*8·8*	*3°*	
31. 10.	23 09	Burgenland	Loretto, Leithagebirge	47·9	16·5	4·5°	Vb. am 31. 10., 19^{30}, Nb. am 1. 11., 0^{15}

Datum	MEZ h m	Land	Herdgebiet	φ°	λ°	Max.-Int. Merc.-S.	Bemerkungen
			1938				
28. 1.	23 36	Niederösterr.	SE von Wimpassing im Schwarzatal	47·7	16·0	4·5°	Vb. am 28. 1., 15^{40}, Nb. am 29. 1., 1^{30}
24. 2.	23 35	Steiermark	Semmering, Südseite	47·6	15·8	5°	Nb. am 25. 2. 1^{15}
19. 3.	5 03	Oberösterr.	SW von Hinterstoder	47·7	14·2	4·5°	
27. 3.	*12 17*	*Jugoslawien*	*Bilogebirge*	—	—	*5°*	
9. 5.	12 33	Niederösterr.	Mitterndorf a. d. Fischa	48·0	16·5	4·5°	
13. 6.	15 46	Oberösterr.	S von Spital a. Pyhrn	47·7	14·3	4°	
1. 7.	14 (30)	Kärnten	St. Paul im Lavanttal	46·7	14·9	4°	
10. 7.	9 28	Kärnten	SE v. Gmünd i. Kärnten	46·9	13·5	4°	
14. 7.	*20 58*	*Italien*	*Spilimbergo, Friaul*	*46·1*	*12·9*	*3°*	
29. 7.	6 12	Steiermark	Bodenbauer, Hochschw.	47·6	15·1	4·5°	
9. 9.	19 58	Niederösterr.	Semmering	47·6	15·8	4·5°	
12. 9.	1 29	Niederösterr.	Semmering	47·6	15·8	4·5°	
23. 10.	0 24	Tirol	Innsbruck-Ost	47·3	11·4	4·5°	
8. 11.	4 12	Niederösterr.	Ebreichsdorf	48·0	16·4	–7°	Nb. bis 11. 11.
4. 12.	11 18	Kärnten	Klagenfurt-St. Ruprecht	46·6	14·3	4·5°	
27. 12.	1 33	Tirol	Thaur bei Innsbruck	47·3	11·5	4°	Vb. am 17. 12.
			1939				
1. 1.	21 35	Niederösterr.	Wörth bei Gloggnitz	47·7	15·9	3·5°	
4. 1.	17 23	Niederösterr.	Wiener Neustadt	47·8	16·2	4°	Nb. am 4. 1., 19^{04}
13. 1.	6 15	Niederösterr.	Hirtenberg	47·9	16·2	4°	Nb. am 19. 1.
21. 1.	21 35	Burgenland	Kleinhöflein–Eisenstadt	47·8	16·5	3·5°	
30. 1.	{ 2 55 3 01	Tirol	Innsbruck-West	47·3	11·4	4·5°	
6. 3.	15 55	Tirol	Nassereith	47·3	10·9	4°	
15. 3.	12 27	Tirol	(Maurach am Achensee)	47·4	11·7	4·5°	
24. 3.	22 24	Steiermark	Mürzsteg	47·7	15·5	4·5°	
16. 4.	5 58	Burgenland	NW von Wiesen, Rosaliengebirge	47·8	16·3	3·5°	
15. 6.	15 09	Niederösterr.	Berndorf	48·0	16·1	4·5°	
23. 6.	4 50	Kärnten	Waidisch bei Ferlach	46·5	14·4	4·5°	
29. 7.	16 29	Steiermark	NE von Leibnitz	46·8	15·6	4·5°	
17. 8.	21 (32)	Tirol	Kappl, Paznauntal	47·1	10·4	4·5°	
19. 8.	20 05	Burgenland	Sauerbrunn	47·8	16·3	4·5°	Nb. am 20. 8.
18. 9.	1 15	Niederösterr.	W von Puchberg am Schneeberg	47·8	15·9	–7°	viele Nb.
28. 9.	22 52	Steiermark	Wald	47·4	14·7	(4°)	
16. 10.	*18 13*	*Italien*	*Südtirol*	—	—	*4·5°*	
14. 12.	*21 19*	*Bayern*	*Mittenwald*	*47·4*	*11·3*	*4°*	

Datum	MEZ h m	Land	Herdgebiet	φ°	λ°	Max.-Int. Merc.-S.	Bemerkungen
			1940				
7. 1.	*21 12*	*Schweiz*	*Lenzerhorn, Mittelgraubünden*	*46·7*	*9·6*	*3·5°*	
16. 1.	5 37	Kärnten	NW von Klagenfurt	46·6	14·3	4°	Nb. am 27. 1.
17. 3.	1 20	Niederösterr.	Payerbach-Reichenau	47·7	15·9	3·5°	Vb. am 16. 3.
24. 3.	10 44	Niederösterr.	S von Ebreichsdorf	48·0	16·4	3·5°	
25. 3.	22 25	Niederösterr.	S von Enzersdorf a. d. Fischa	48·1	16·6	3·5°	
2. 5.	2 35	Niederösterr.	Reichenau	47·7	15·9	3°	
6. 6.	*21 (10)*	*Bayern*	*Reichenhall*	*47·7*	*12·9*	*4°*	
24. 6.	16 (55)	Steiermark	S von Ratten	47·5	15·7	3·5°	
13. 8.	8 30	Steiermark	Liezen	47·6	14·2	3·5°	
9. 9.	14 13	Tirol	Zirl	47·3	11·2	4°	
14. 9.	2 38	Niederösterr.	Enzersdorf a. d. Fischa	48·1	16·6	4·5°	Nb. am 16. 9., 22^{58}
14. 9.	14 (50)	Niederösterr.	SW von Ebreichsdorf	48·0	16·4	3·5°	
16. 9.	14 22	Steiermark	Judenburg	47·2	14·7	(4°)	
4. 10.	15 14	Niederösterr.	Gloggnitz	47·7	15·9	3°	
10. 11.	*2 40*	*Rumänien*	*Karpathen bei Focsani*	*45·7*	*26·7*	*2·5°*	
			1941				
15. 3.	18 57	Niederösterr.	Mitterretzbach	48·8	16·0	3°	
29. 8.	3 30	Tirol	N von Hopfgarten	47·5	12·2	4°	
22. 10.	12 15	Niederösterr.	Wartmannstetten	47·7	16·1	4°	
24. 10.	5 28	Niederösterr.	Wartmannstetten	47·7	16·1	4°	
			1942				
6. 1.	1 22	Steiermark	Trofaiach	47·4	15·0	4·5°	
17. 1.	21 44	Kärnten	NW von Friesach	47·0	14·4	4°	
2. 2.	18 12	Salzburg	Ramingstein, Lungau	47·1	13·8	4°	
19. 5.	*9 53*	*Ungarn*	*Komitat Györ*	—	—	*3°*	
29. 5.	4 54	Niederösterr.	Reichenau, Schneeberg	47·7	15·9	4°	
19. 10.	15 00	Niederösterr.	(Ebenfurth)	47·9	16·3	(4°)	
			1943				
2. 5.	*2 08*	*Württemberg*	*Schwäbische Alb*	—	—	*3°*	
25. 5.	0 40	Niederösterr.	Trübenbach, Ötscher	47·9	15·3	4°	

Datum	MEZ h m	Land	Herdgebiet	φ°	λ°	Max.-Int. Merc.-S.	Bemerkungen
28. 5.	*1 24*	*Württemberg*	*Schwäbische Alb*	—	—	*3·5°*	*Nb. am 1. 6.*
24. 7.	*2 44*	*Italien*	*Vittório, Venetien*	*46·0*	*12·3*	*4°*	
15. 8.	15 49	Steiermark	Leoben-Süd	47·4	15·1	3·5°	mit Nb.
24. 11.	5 24	Tirol	Ellbögen	47·2	11·4	4°	
29. 11.	*3 04*	*Jugoslawien*	*(bei Marburg)*	—	—	*5°*	
25. 12.	2 13	Niederösterr.	N von Wiener Neustadt	47·8	16·2	4°	
			1944				
11. 1.	12 02	Tirol	S von Innsbruck	47·2	11·4	4°	Nb. um 17^{48}, ^{57}, 18^{22}
11. 2.	7 33	Kärnten	Westliche Karawanken	46·5	(13·7)	5°	
15. 3.	2 30	Steiermark	SE von Vordernberg	47·5	15·0	5°	Nb. am 16. u. 18. 3.
2. 5.	*12 52*	*Ungarn*	*(Westungarn)*	—	—	*4°*	
17. 5.	2 40	Oberösterr.	Hinterstoder	47·6	14·2	4°	
7. 10.	16 36	Niederösterr.	(△ Hohe Mandling, Berndorf)	—	—	5°	Nb. am 10. 10., 19^{27}
27. 11.	6 32	Steiermark	(E von Neumarkt)	(47·1)	(14·4)	4°	
			1945				
6. 1.	0 29	Steiermark	Admont	47·6	14·5	5·5°	Nb. am 10. 1., 6^{06}
5. 4.	*0 46*	*Italien*	*(Südtirol)*	—	—	*4°*	
25. 12.	21 25	Tirol	(Ellbögen)	(47·2)	(11·4)	5°	Nb. am 27. 12.
			1946				
25. 1.	*18 32*	*Schweiz*	*Wallis*	*46·4*	*7·6*	*3°*	
4. 2.	15 58	Tirol	S von Walchsee, Kaisergebirge	47·6	12·3	3°	
10. 2.	*1 59*	*Schweiz*	*Unteres Prätigau*	—	—	?	
8. 3.	20 19	Salzburg	NE von Werfen	47·5	13·2	5°	
29. 4.	2 49	Niederösterr.	N von Wiener Neustadt	47·8	16·2	4°	
23. 10.	*22 18*	*Italien*	*E von Belluno*	*46·1*	*12·4*	*3°*	
25. 12.	*8 23*	*Italien*	*E von Belluno*	*46·1*	*12·4*	*4°*	

Datum	MEZ h m	Land	Herdgebiet	φ °	λ °	Max.-Int. Merc.-S.	Bemerkungen
			1947				
19. 1.	23 20	Tirol	Rotholz bei Jenbach	47·4	11·8	4 °	
10. 2.	5 30	Steiermark	W von Unzmarkt	47·2	14·4	4 °	
20. 2.	16 56	Tirol	Innervillgraten, Osttirol	46·8	12·4	4 °	
13. 3.	23 37	Steiermark	N von Kraubath, Murtal	47·3	14·9	4·5 °	
25. 3.	23 33	Kärnten	Müllern, S von Villach	46·6	13·8	5 °	
14. 5.	5 10	Kärnten	St. Peter ob Rennweg	47·0	13·6	4 °	Vb. am 14. 5. um 3^h
28. 9.	*2 26*	*Italien*	*Provinz Belluno*	—	—	*5 °*	
17. 11.	*22 03*	*Jugoslawien*	*(Bachergebirge)*	—	—	*5 °*	
11. 12.	14^{24-29}	Steiermark	Kindbergdörfl, Mürztal	47·5	15·4	5 °	
			1948				
29. 1.	22 10	Niederösterr.	Wörth bei Gloggnitz	47·7	15·9	5 °	
13. 2.	10 16	Tirol	Ried in Tirol	47·1	10·6	4·5 °	
13. 2.	22 07	Niederösterr.	Mönichkirchen	47·5	16·0	3·5 °	Nb. am 14. 2., 15^{39}
4. 4.	0 (15)	Steiermark	St. Lambrecht	47·1	15·3	3·5 °	
17. 4.	{18 23 18 41	Steiermark	E von Unzmarkt	47·2	14·4	4·5 °	
9. 7.	20 49	Niederösterr.	N von Wiener Neustadt	47·8	16·2	4·5 °	
27. 7.	19 42	Niederösterr.	Umgebung v. Gloggnitz	47·7	15·9	4 °	
17. 8.	21 31	Tirol	St. Johann in Tirol	47·5	12·4	4 °	
9. 10.	23 57	Steiermark	W von Judenburg	47·2	14·6	5 °	
11. 11.	9 47	Tirol	△ Hafelekar	47·3	11·4	4·5 °	
23. 11.	5 45	Steiermark	Oberzeiring	47·2	14·5	3·5 °	

Additional information of this book

Ein Beitrag zur Erdbebengeographie Österreichs nebst Erdbebenkatalog 1904-1948 und Chronik der Starkbeben; *(978-3-211-86099-1)* is provided:

http://Extras.Springer.com